化工原理实验

郑大锋　江燕斌　龙新峰　主编

化学工业出版社

·北京·

内容简介

《化工原理实验》既强调提高学生的工程技术能力、科研创新能力，又突出对学生安全环保意识、家国情怀、职业伦理和终身学习能力的培养。本书共分七章，即化工原理实验室安全常识，化工原理实验研究方法、数据测量及报告编写，化工原理实验常用仪器仪表，基础实验，演示实验，3D 实验仿真，提高和研究型实验。

《化工原理实验》可作为高等院校化工与制药类专业及其他相关专业化工原理实验课的教材，也可供在化工、石油、环境、轻工、食品、制药、材料、生物等领域从事科研、生产的技术人员参考。

图书在版编目（CIP）数据

化工原理实验 / 郑大锋，江燕斌，龙新峰主编.—北京：化学工业出版社，2023.5

ISBN 978-7-122-43087-8

Ⅰ.①化… Ⅱ.①郑…②江…③龙… Ⅲ.①化工原理—实验 Ⅳ.①TQ02-33

中国国家版本馆 CIP 数据核字（2023）第 041002 号

责任编辑：任睿婷　徐雅妮
责任校对：宋　玮
装帧设计：关　飞

出版发行：化学工业出版社
（北京市东城区青年湖南街13号　邮政编码100011）
印　　装：三河市双峰印刷装订有限公司
787mm×1092mm　1/16　印张8½　字数206千字
2024年3月北京第1版第1次印刷

购书咨询：010-64518888
售后服务：010-64518899
网　　址：http://www.cip.com.cn
凡购买本书，如有缺损质量问题，本社销售中心负责调换。

定　　价：33.00元

前言

化工原理实验是一门在化工原理理论课基础上开展的实践性课程，以化工单元操作过程原理、流程和设备结构、操作为主要内容，以处理工程问题的实验研究方法为主要特色，目的是训练学生理论知识的运用能力、实验操作技能、实验数据处理和分析能力。化工原理实验对提高学生工程技术能力、分析和解决复杂工程问题能力、科研创新能力和团队合作能力等均有重要的作用。

随着新工科的建设和工程专业认证的深入，化工类人才的培养要求、实验教学理念、实验教学内容和实验教学设备都发生了变化，化工原理实验也相应进行了重大改革，编写新的实验教材已成为迫切需求。

本书以化工单元操作中常用的基础实验技术为主要内容，融合了化工原理实验室安全常识、化工基本单元操作的 3D 虚拟仿真以及实验课程思政内容，并增加了提高和研究型实验。在培养学生工程实践能力、创新能力的同时，也增强了学生的安全环保意识、家国情怀，提高了学生的职业伦理素质。

全书共分七章，适宜作为 32～40 学时化工及相关专业的实验教材。各专业可根据教学要求选取若干内容进行实验。一般多学时专业选做 7～8 个实验，少学时专业选做 4～6 个实验。

本书是广东省质量工程项目“化工原理联合教研室”的建设成果之一。本书基于优质课程资源共享理念，由华南理工大学主导，联合贵州民族大学共同编写。全书由郑大锋、江燕斌、龙新峰主编，由郑大锋、黄锦浩统稿。习题由黄锦浩整理。各章具体执笔者如下：第一章由郑大锋、阮涛编写；第二章由赖万东编写；第三章、第五章、附录由郑大锋编写；第四章实验一～实验四由江燕斌编写；第四章实验五、实验六由易聪华编写；第四章实验七、实验九由郑大锋、李小莹编写；第四章实验八由杨东杰编写；第六章由龙新峰编写；第七章由贵州民族大学周兰编写。书中所附案例由李致贤、郑大锋整理。伍钦教授、陈砺教授为本书的编写提供了指导和协助；浙江中控科教仪器设备有限公司雷继红、周军、詹鑫涓、金洪鑫等人在教材编写、3D 虚拟仿真训练中提供了很大的帮助，在此对他们表示衷心的感谢。

本书的编写还得到了华南理工大学教务处、化学与化工学院，各兄弟院校以及化学工业出版社的大力支持，在此一并致以诚挚的谢意。

鉴于编者学识有限，书中难免存在不妥之处，诚心希望读者不吝赐教，促使本教材日臻完善。

编者

2023 年 11 月于广州

目录

第一章

化工原理实验室安全常识

近年来，重大生产事故、实验室安全事故屡屡发生。提高实验室安全意识，充分了解实验室安全知识、防护方法和应急措施，减少实验室不必要的伤亡事故和财产损失已经迫在眉睫。越来越多的高校高度重视实验室安全，实验室安全管理、安全培训已经常态化。不少高校要求学生进行专门的安全培训，并且考核合格后方可进入实验室。通过学习本章内容，可以使学生对化工原理实验室安全的有关知识有全面了解，培养良好的安全意识，养成安全的操作习惯，提升安全素养。

第一节　实验室消防安全常识

一、燃烧的知识

1. 燃烧的条件

燃烧是指可燃物与助燃物相互作用发生的放热反应。燃烧的发生必须具备三种条件：

（1）可燃物

能和空气中氧气或其他氧化剂起燃烧反应的物质均为可燃物，如固态的煤、木材、纸张、棉花等，液态的汽油、煤油、乙醇等，气态的氢气、烃类、一氧化碳、煤气等。

（2）助燃物（氧化剂）

能帮助和支持可燃物燃烧的物质均为助燃物，即能与可燃物发生燃烧反应的物质，如空气、氧气、氯气等氧化剂。

（3）点火源（温度）

供给可燃物和助燃物发生燃烧反应的能源，统一称为点火源，如明火、撞击、摩擦和化学反应等。

以上三种条件，缺一都不会发生燃烧反应。但是具备这三种条件，燃烧也不一定发生，因为燃烧反应与温度、压力、可燃物和助燃物浓度都有关系，存在一定的极限值。例如氢气在空气中的浓度小于 4%时就不能点燃；当空气中氧气浓度小于 14%时，一般可燃物也不会燃烧。

2. 燃烧的类型

燃烧按其形成的条件和瞬间发生的特点以及燃烧的现象，可分为闪燃、阴燃、自燃、点燃四种类型。

（1）闪燃及闪点

液体表面都有一定蒸气存在，由于蒸气压的大小取决于液体本身的性质和温度，所以蒸气的浓度由液体的温度决定。闪燃是指易燃或可燃液体表面挥发的蒸气与空气混合后，遇火源发生一闪即灭的燃烧现象。发生闪燃现象的最低温度为闪点。当可燃液体的温度高于闪点时，随时都有被点燃的危险。闪点概念主要适用于可燃液体。由于闪燃往往是着火的先兆，所以闪点越低，越容易着火。

（2）阴燃

阴燃是指一些固体可燃物在空气不流通，加热温度低或可燃物含水多等条件下发生的只冒烟无火焰的燃烧现象。阴燃是可燃固体供氧不足而形成的一种缓慢氧化反应。由于无明火，难以引人注意，但阴燃可迅速转为明火，造成更大的危害。

（3）自燃及自燃点

自燃指可燃物在无外来明火源作用下，靠受热或自身发热导致热量集聚达到一定温度时而自行发生的燃烧现象。在规定条件下，可燃物在空气中发生自燃的最低温度称为自燃点。温度达到自燃点时，可燃物与空气接触不需要明火即可发生燃烧。可燃物自燃点越低，发生火灾的危险性就越大。

（4）点燃及燃点

点燃是指可燃物在空气中受到外界火源的直接作用，移去火源后仍能持续燃烧的现象。可燃物开始起火持续燃烧的最低温度为燃点。可燃物的燃点越低，越容易起火，火灾的危险性也越大。

3. 燃烧产物与危害

燃烧产物的主要成分是烟气，烟气对人体最大的危害是烧伤、窒息和吸入有毒气体中毒。大量事实表明，火灾死亡人数中，八成以上是因为吸入了有毒气体而窒息死亡。燃烧产生的高温烟气还可导致人体循环系统受损甚至衰竭、呼吸道黏膜充血起水泡、组织坏死。有些不完全燃烧产物还能与空气形成爆炸性混合物造成二次伤害。

二、实验室消防安全

化工原理实验室中也存在不同程度的燃烧和爆炸危险。为了保证实验的顺利进行，必须对有燃烧和爆炸危险的物质加强管理，采用相应的消防安全技术，防止火灾和爆炸事故的发生。

1. 防火防爆技术

安全第一，预防为主，消除可能引起燃烧和爆炸的危险因素，是最根本的防火防爆方法。

（1）控制可燃物和助燃物的使用和存储

控制实验过程中可燃物和助燃物的用量，尽量少用或者不用易燃易爆物。通过改进实验，使用不易燃易爆的溶剂。

加强可燃物的密闭保存。为了防止易燃气体、蒸气和粉尘与空气混合，形成易燃易爆物，应该设法密封保存。对实验室产生的尾气，需要加以吸收或回收，消除安全隐患。

做好通风除尘。通过实验室的通风换气，使实验室的易燃易爆和有毒物质的浓度不超过最高允许浓度。通风分为自然通风和机械通风。

（2）控制点火源

实验室点火源一般有以下几种：明火、高温表面、摩擦碰撞、电火花、静电等。实验室明火主要有点燃的酒精灯、煤气灯、烟头、火柴、打火机等。在实验室易燃易爆场所不得使用明火，实验室内禁止吸烟。高温表面的温度如果超过可燃物的燃点，可能会导致可燃物着火。实验室常见的高温表面有电炉、换热管、干燥箱、烘箱等。摩擦碰撞往往会引起火花，从而造成安全事故。因此有易燃易爆物的场所，应该采取措施防止火花的发生。为了防止电火花引起的火灾，在易燃易爆场所，应该选用合格的电气设施，最好具有防爆功能，并建立经常性检查和维修制度，防止线路老化、短路等。静电也会产生火花，往往会酿成火灾事故。防止人体静电主要有以下几个方面：

① 进入实验室不能穿化纤类服装，要穿防静电服装。

② 盘发，防止头发与衣服摩擦产生静电。

③ 实验室入口处设有裸露的金属接地物，如接地的金属门、扶手等。

2. 灭火基本方法

物质的燃烧必须同时具备三个要素：可燃物、助燃物和点火源。灭火就要反其道而行，即设法消除这三个因素中的一个。因此，灭火的基本方法有：

（1）隔离法

将正在燃烧的可燃物与其他可燃物分开，中断可燃物的供给，因缺少可燃物而使燃烧停止。例如迅速转移燃烧物附近的有机溶剂等。

（2）窒息法

减少助燃物，阻止空气流入或使用惰性物质冲淡空气，使燃烧得不到足够的氧气而熄灭。实际应用时，如用石棉毯、湿麻袋或灭火毯和干黄沙等覆盖在物体上，都可以窒息燃烧源。需要注意的是，炸药不需要外界供给氧气即可燃烧和爆炸，所以窒息法对炸药不起作用。

（3）冷却法

将冷灭火剂直接喷射到燃烧物表面，降低燃烧物的温度至燃点以下，燃烧亦可停止。

（4）化学抑制灭火法

将化学灭火剂喷至燃烧物表面或者燃烧区域，使燃烧过程中的自由基消失，抑制或终止使燃烧得以继续的链式反应，燃烧也可停止。

3. 消防设施

学生应了解实验室基本的消防设施。

（1）火灾自动报警系统

火灾自动报警系统主要由探测器、控制器、警报装置和辅助装置等部分组成。它能在火灾初期，将燃烧产生的烟雾、热量、火焰等的物理量，通过探测器变成电信号，传输到报警控制器，发出火灾警报并显示火灾发生的时间、地点等，使人们能够及时发现火情，最大限度地减少因火灾造成的生命财产损失。图 1-1 和图 1-2 分别为常见的烟感探测器和火灾报警装置。

图 1-1　烟感探测器

警铃

声光警报器

图 1-2　火灾报警装置

（2）消火栓系统

消火栓系统由室外消火栓设施和室内消火栓设施构成。室外消火栓设施主要由蓄水池、加压送水装置等构成；室内消火栓设施由消火栓箱、消防水枪、消防水带、室内消火栓、消防管道等组成。图 1-3 和图 1-4 分别为消火栓箱和消防水枪。

图 1-3　消火栓箱

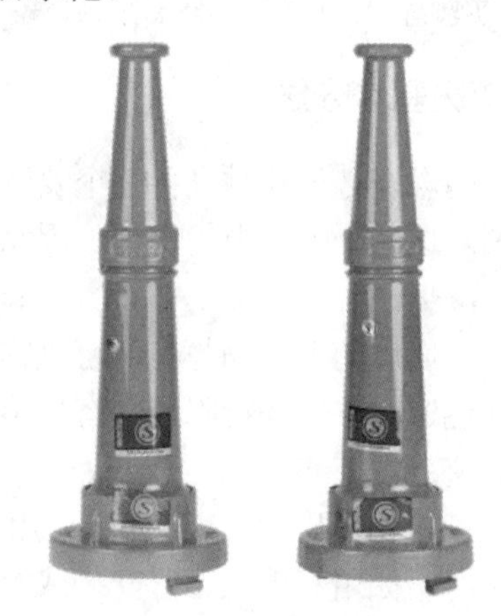

图 1-4　消防水枪

三、实验室危险化学品火灾事件处置措施

实验室广泛使用危险化学品和易燃易爆物质等，一旦发生起火，很有可能引发爆炸，危险性、破坏性极大，因此，在保证扑救人员安全的前提下，要遵循“先控制、后消灭，救人先于救火，先重点后一般”的原则。

1. 易燃液体火灾的扑救

扑救时首先应切断火势蔓延的途径，控制燃烧范围。对小面积（一般 50m^2 以内）液体火灾，一般可用雾状水、泡沫、干粉、二氧化碳等灭火。大面积液体火灾则必须根据其相对密度、水溶性和燃烧面积大小，选择正确的灭火剂扑救。对于比水轻又不溶于水的液体（如汽油、苯等），用普通蛋白泡沫或轻水泡沫灭火。对于比水重又不溶于水的液体（如二硫化碳），起火时可用水扑救，水能覆盖在液面上灭火。具有水溶性的液体（如醇类、酮类等）火灾，最好用抗溶性泡沫扑救。

2. 毒害品和腐蚀品火灾的扑救

灭火人员必须穿防护服，佩戴防护面具。一般情况下采取全身防护即可，对有特殊要求的物品火灾，应使用专用防护服。扑救时应尽量使用低压水流或雾状水，避免腐蚀品、毒害品溅出。遇酸类或碱类腐蚀品最好调制相应的中和剂稀释中和。浓硫酸遇水能放出大量的热，会导致沸腾飞溅，需特别注意防护。浓硫酸量不多时，可用大量低压水快速扑救，如果浓硫酸量很大，应先用二氧化碳、干粉等灭火，然后再把着火物品与浓硫酸分开。

3. 易燃固体火灾的扑救

易燃固体一般都可用水或泡沫扑救，相对其他种类的危险化学物品而言比较容易扑救，但也有少数易燃固体的扑救方法比较特殊，如二硝基苯甲醚、二硝基萘、萘、黄磷等。这类能升华的易燃固体，受热产生易燃蒸气，在扑救过程中应不时向燃烧区域上空及周围喷射雾状水，并用水浇灭燃烧区域及其周围的一切火源。遇黄磷火灾时，用低压水或雾状水扑救，用泥土、砂袋等筑堤拦截黄磷熔融液体并用雾状水冷却，对磷块和冷却后已固化的黄磷，应用钳子夹入贮水容器中。

4. 遇湿易燃物品火灾的扑救

遇湿易燃物品能与水发生化学反应，产生可燃气体和热量，即使没有明火也可能自动着火或爆炸，如金属钾、钠以及三乙基铝（液态）等。因此，这类物品应放在远离水源、热源的固定在墙体上的铁柜中保存。当实验室内这类物品有一定量时，禁止用水、泡沫、酸碱灭火器等湿性灭火剂扑救，应用干粉、二氧化碳等扑救。固体遇湿易燃物品应用水泥、干砂、干粉、硅藻土和蛭石等覆盖。

5. 爆炸物品的扑救

迅速判断和查明再次发生爆炸的可能性和危险性，紧紧抓住爆炸后和再次发生爆炸之前的有利时机，采取一切可能的措施，全力制止再次爆炸的发生。当灭火人员发现有发生再次爆炸的危险时，应迅速撤至安全地带，来不及撤退时，应就地卧倒。

第二节　实验室电气设备安全常识

一、电热设备

电炉、电加热板、干燥箱、烘箱等都是用来加热的电热设备，加热用的电阻丝是镍铬合金或其他加热材料，温度可达 800℃以上，使用时必须注意安全，否则容易发生火灾。使用中应注意以下几个问题：

① 电热设备应放在没有易燃易爆性气体和粉尘及有良好通风条件的专门房间内，设备周围没有可燃物和其他杂物。

② 电热设备最好有专用线路和插座，因为电热设备的功率一般都比较大，如将它接在截面积过小的导线上，容易发生危险。

③ 电热设备接通后不可长时间无人看管，要有人值守、巡视。

④ 不要在温度范围的最高限值长时间使用电热设备。

⑤ 不可将未预热的器皿放入高温电炉内。

⑥ 电热烘箱一般用来烘干玻璃仪器和加热过程中不分解、无腐蚀性的试剂或样品。挥发性易燃物或刚用乙醇、丙酮淋洗过的样品、仪器等不可放入烘箱加热。

二、冰箱

冰箱在实验室的使用越来越普遍，在使用中应注意以下几个方面：

① 保存化学试剂的冰箱最好使用防爆冰箱。

② 不要将食物放入保存化学试剂的冰箱内。

③ 冰箱内保存的化学试剂，应有永久性标签并注明试剂名称、物主及日期。化学试剂应该放在气密性好的玻璃容器中。

④ 不要将剧毒、易挥发或易爆化学试剂存放在冰箱中。

⑤ 定期擦洗冰箱，清理药品。

为了更好地解决实验室常用电气设备的安全问题，要求使用带有防爆功能的电烘箱、冰箱等。

三、实验室电气事故的预防

为防止电气事故的发生，应做到以下几点：

① 使用室内电源，应首先确认仪器的使用电压（220V 或 380V），插头是两插还是三插。如果使用的是三相电源，需要确定三相电的相序。

② 使用电气设备时，手要干燥。不要用潮湿的手接触通电工作的电气设备，也不要用湿毛巾擦拭带电的插座或电气设备。不能用测电笔测试高压电。

③ 不能随便乱动或私自修理实验室内的电气设备。进行电气设备的连接、拆装或整体移动时，严禁带电操作。

④ 带电部分不得有破损或将带电部分裸露出来，对不可避免的裸露部分应用绝缘胶布进行绝缘处理。

⑤ 不得使用铜丝代替保险丝，保持闸刀开关、磁力开关等面板完整。

⑥ 雷雨天气时，应停止带电的实验操作，避免发生雷击事故。

⑦ 对设备进行维修或安装新电气设备时，先切断电源，并在明显处放置“禁止合闸，有人工作”的警示牌。

⑧ 实验室内不能存放超量的低沸点有机溶剂或易燃易爆品，防止这些物品的蒸气达到爆炸极限时遇到电火花发生爆炸或燃烧。

⑨ 电气设备使用完毕后，实验人员应及时关闭总电源。不在无人监控下长时间开启电气设备，不过度依赖电气开关的自动控制，时时注意观察电气设备的工作状态。

第三节　实验室压缩气瓶安全常识

一、常见压缩气瓶的外观标志

实验室常见的压缩气瓶的外观标志如表 1-1 所示。

表 1-1　常见压缩气瓶的外观标志

充装气体	瓶身颜色	字样	字体颜色	色环颜色
氧	淡（酞）蓝	氧	黑	P=20，白色单环 P≥30，白色双环
氢	淡绿	氢	大红	P=20，大红单环 P≥30，大红双环
氮	黑	氮	白	P=20，白色单环 P≥30，白色双环
氩	银灰	氩	深绿	P=20，白色单环 P≥30，白色双环
空气	黑	空气	白	P=20，白色单环 P≥30，白色双环
液化石油气（民用）	银灰	液化石油气	大红	—
二氧化硫	银灰	液化二氧化硫	黑	—
二氧化碳	铝白	液化二氧化碳	黑	P=20，黑色单环
氨	淡黄	液氨	黑	—
氯	深绿	液氯	白	—

二、压缩气瓶的安装及使用

① 气瓶直立放稳，用链条、皮带等固定，防止气瓶翻倒或滚动。

② 清除气瓶阀、减压器周围可能的油渍及危险品。

③ 将减压器安装在相应气瓶上，用扳手锁紧。

④ 逆时针旋转调压把手，使调压弹簧处于自由状态，关闭流量计调节旋钮。

⑤ 按要求接上金属管，用扳手锁紧。

⑥ 定期安全检验旧瓶。超过钢瓶使用安全规范年限，压力测试合格才能继续使用。

三、压缩气瓶的安全管理

① 气瓶验收时，查看瓶体防震圈、阀门安全帽是否完好、旋紧，瓶身有无缺陷损坏和钢瓶头部是否粘有油污。

② 严禁火种，隔绝热源，防止日光暴晒。

③ 气瓶应立放稳固整齐，阀门向上，不得倾靠墙壁，如果平放，必须将瓶口朝向一方，并用三角木卡牢。

④ 严禁氧气与乙炔气、油脂类、易燃物品混存，气瓶阀门和试压表不许沾染油脂、油污。

⑤ 工作人员每日应查看气瓶有无漏气和其他异常情况。

⑥ 不得将瓶内气体全部用完，必须按规定保持瓶内有一定的气压。

四、气体减压阀的安全使用

1. 减压阀使用步骤

① 关闭气瓶阀。

② 开放气体出气口，排出减压阀及管道内剩余气体。

③ 剩余气体排完后，关闭出口阀门。

④ 逆时针旋松调压把手，使调压弹簧处于自由状态。

⑤ 检查减压器上的压力表是否归零，以检查气瓶阀门是否完全关闭。

2. 日常检查

① 气体减压阀中没有气体时，确认压力表指针回零。

② 气体减压阀中含有气体时，用肥皂水检查各螺纹及连接部位是否有泄漏。

③ 供气后，确认没有气体从减压阀中泄漏。

五、实验室常用气体的安全使用

1. CO_2气体

（1）使用方法

使用前检查连接部位是否漏气，可涂上肥皂水进行检查，确定不漏气后再进行实验。

使用时先逆时针打开钢瓶总开关，观察高压表读数，记录高压瓶内总的CO_2压力，然后转动减压阀，使高压气体由高压室经节流减压后进入低压室，并经出口通往工作系统。使用结束后，先顺时针关闭钢瓶总开关，再逆时针旋松减压阀。

（2）注意事项

① 防止使用温度过高，钢瓶应存放在阴凉、干燥、远离热源处，不超过 31℃。

② 钢瓶不能卧放。如果钢瓶卧放，打开减压阀时，CO_2迅速汽化，容易发生导气管爆裂及大量CO_2泄漏的事故。

③ 减压阀、接头及压力调节器装置正确连接且无泄漏、无损坏。

④ CO_2不能超量填充。

2. 氮气

（1）氮气储存注意事项

储存于阴凉、通风的库房。远离火种、热源。库温不宜超过 30℃。

（2）氮气现场急救措施

空气中氮气含量过高，使吸入氧气分压下降，引起现场人员缺氧窒息，胸闷，昏迷甚至死亡。应迅速脱离现场至空气新鲜处，保持呼吸道通畅。如呼吸困难，应输氧。呼吸心跳停止时，立即进行人工呼吸和心脏复苏。

（3）氮气泄漏应急处理

迅速撤离泄漏污染区至上风处，并进行隔离，严格限制人员出入。

（4）氮气瓶灭火方法

本品不燃，尽可能将容器从火场移至空旷处。喷水保持容器冷却，直至灭火结束。

3. 氧气

（1）氧气储存注意事项

远离高温、明火和金属飞溅物，离暖气片和其他热源1米以上，避免日光暴晒。10米以内禁止堆放易燃品。直立存放，旋上瓶帽，防止油脂和灰尘进入瓶口。

（2）氧气使用注意事项

① 操作时，人应在接口侧面，不准面对接口。

② 瓶内氧气要保留1～1.5大气压（1大气压=101.325kPa），不能完全用完，以便充气检查和防止进入杂质。

③ 与气瓶接触的金属管道及设备均应安装接地线，防止产生静电而引起火灾爆炸。

④ 为防止气瓶带电，瓶底应加绝缘垫。

4. 氢气

（1）氢气储存注意事项

① 应储存于阴凉、通风的库房，库温不宜超过30℃，远离火种、热源。防止阳光直射。

② 与氧气、压缩空气等分开存放，与易燃、易爆、可燃物质的距离不得小于8米。

③ 与其他可燃性气体储存地点的距离不得小于20米。

④ 需要使用支架固定钢瓶。

（2）氢气使用注意事项

① 制定氢气瓶安全管理制度和事故应急处理措施，定期对相关人员进行气瓶安全技术培训。

② 室内使用的氢气瓶数量不得超过5瓶，且室内必须通风良好，保证空气中氢气最高含量不超过1%（体积分数）。

③ 在建筑物顶部或外墙上部设置空气窗或排气孔。排气孔应朝向安全地带，室内换气次数每小时不得少于3次。

（3）氢气泄漏着火应急处理

应立即切断气源。若不能立即切断气源，不允许熄灭正在燃烧的氢气。如有可能，冷却气瓶，并将其移至开阔处。

第四节　化工单元操作安全常识

一个化工产品的生产是通过若干个物理操作与若干个化学反应实现的。虽然化工产品生产工艺多种多样，但其包含的化工单元操作原理却是相似的，设备也基本相同。化工单元操作是指各种化工生产中以物理过程为主的处理方法，包括加热、冷却、物料输送、干燥、蒸发、蒸馏、吸收、过滤等。

一、化工单元操作的安全

为保证化工单元操作过程的安全性，应坚持安全第一、预防为主的方针，实验室要营造安全生产的环境，学生要掌握安全操作技术。

1. 加热操作的安全

加热操作是化工单元操作中提供热量的重要手段。温度过高或升温速度过快，容易损坏设备，严重的会引起反应失控，发生冲料、燃烧或爆炸。操作的关键是按生产规定严格控制升温速度和温度范围。化工实验室中一般的加热方法有蒸汽加热、热水加热和电加热等。

从化工安全技术角度出发，加热过程的安全要点是：

① 采用水蒸气或热水加热时，应定期检查夹套和管道的耐压程度，并安装压力表和安全阀。与水反应的物料，不宜采用水蒸气或热水加热。

② 为了提高电感加热设备的安全可靠程度，可采用较大截面的导线，以防过负荷；采用防潮、防腐蚀、耐高温的绝缘材料，增加绝缘层厚度，添加绝缘保护层等。

③ 电加热器的电炉丝与被加热设备的器壁之间应有良好的绝缘，以防短路引起电火花，将器壁击穿，使设备内的易燃物质或漏出的气体和蒸气发生燃烧或爆炸。电加热器不能安放在易燃物质附近。导线的负荷能力应能满足电加热器的要求。

2. 冷却、冷凝操作的安全

冷却与冷凝过程需要注意的要点是：

① 正确选用耐腐蚀材料的冷却设备和冷却剂。

② 严格注意冷却设备的密闭性。

③ 冷却水不能中断。

④ 开车前先清除冷凝器中的积液，再开冷却水，后通入高温物料。

⑤ 修理冷却、冷凝器时，应先清洗，切勿带料焊接。

3. 过滤操作的安全

过滤是使悬浮液在重力、真空、加压及离心的作用下，通过过滤介质形成滤饼，将固体悬浮颗粒进行截留分离的操作。过滤可分为间歇过滤和连续过滤两种。连续过滤较间歇过滤安全，因为连续过滤循环周期短，能自动洗涤和自动卸料，避免了操作人员与有毒物料接触。间歇过滤需要经常重复卸料、装合、加料等各项辅助操作，比连续过滤周期长，人工操作劳动强度大。间歇过滤属加压过滤，取渣时应先释放压力，否则会发生事故。

4. 输送操作的安全

工业生产中，经常需要将各种原料、中间体、产品以及副产品从一个地方输送到另一个地方，这些输送过程就是物料输送。物料输送由各种输送机械设备实现。化工原理实验室的物料输送主要是液态物料输送。

液态物料可借助其位能沿管道向低处流动。若将其由低处输往高处，或由一地输往另一地，或由低压处输往高压处，则需要依靠泵来完成。化工原理实验室涉及的泵主要有离心泵、往复泵等。液态物料输送过程需要注意的技术要点有：

① 输送易燃易爆液体宜采用蒸汽往复泵。如采用离心泵，则泵的叶轮应由有色金属制成，以防撞击产生火花。设备和管道应有良好的接地，以防静电引起火灾。

② 临时输送可燃液体的泵和管道（胶管）连接处必须紧密、牢固，以免输送过程中管道受压脱落漏料而引起火灾。

③ 用各种泵输送可燃液体时，其管道内流速不应超过安全速度，且管道应有可靠的接地措施，以防静电聚集。同时要避免吸入口产生负压，以防空气进入系统导致爆炸或者抽瘪设备。

5. 干燥操作的安全

干燥操作必须防止火灾、爆炸、中毒事件的发生，需要注意的要点是：

① 当干燥物料中含有自燃点很低或含有其他有害杂质时必须在烘干前彻底清除，干燥室内也不得放置容易自燃的物质。

② 干燥易燃易爆物质时，应采用蒸汽加热的真空干燥箱，当烘干结束，去除真空时，一定要等到温度降低后才能放进空气。对易燃易爆物质采用流速较大的热空气干燥时，排气设备和电动机应有防爆设施。用电烘箱烘烤湿分为易燃蒸气的物质时，电炉丝应完全封闭，箱上应加防爆门。

③ 间歇干燥过程应严格控制温度。

④ 在采用洞道式、滚筒式干燥器干燥时，主要是防止机械伤害。

6. 精馏操作的安全

化工生产中常常要将混合物进行分离，以实现产品的提纯和回收。对于均相液相混合物，最常用的高纯度分离方法是精馏。精馏过程的安全技术要点是：

① 常压精馏中，应注意易燃液体的热源不能采用明火，而采用水蒸气或过饱和水蒸气加热。蒸馏腐蚀性液体，应防止塔壁、塔盘腐蚀，造成易燃液体或蒸气逸出，遇明火或灼热的炉壁燃烧。对于高温精馏系统，应防止冷却水突然漏入塔内，使水迅速汽化，塔内压力突然增大将物料冲出或爆炸。在常压精馏操作中，还应注意防止管道、阀门被凝固点较高的物质凝结堵塞，导致塔内压力升高而引起爆炸。冷凝系统的冷却水或冷冻盐水不能中断，否则未冷凝的易燃蒸气逸出使局部温度升高，或窜出遇明火而引燃。

② 真空精馏是一种比较安全的精馏方法。对于沸点较高、高温下精馏时能引起分解、爆炸和聚合的物质，采用真空精馏较为合适，借以降低温度，确保安全。

7. 吸收操作的安全

吸收操作需要注意的要点是：

① 容器中的液面应自动控制和易于观测。对于毒性气体吸收，溶剂必须有低液位报警。

② 控制溶剂的流量和组成。如用水排除氨气，流量的失控会造成严重事故。

③ 在设计限度内控制入口气流，检测其组成。

④ 控制出口气体的组成。

⑤ 选择适合与溶质和溶剂混合物接触的管道材料。

⑥ 在设计的操作条件下操作。

⑦ 避免气相中的雾滴转移至出口气流中，应用严密筛网或填充床除雾器等。

⑧ 当控制变量不正常时，能自动启动报警装置。控制仪表应能防止气相中溶质负荷的突增和液体流速的波动。

二、化工单元设备的安全

几乎所有的化工单元操作都涉及热量传递、动量传递或质量传递，虽然化工单元设备都已标准化，但其使用特点却有很大区别，具有一定的危险性。

1. 泵的安全选用

泵是化工生产中广泛使用的流体输送机械。化工生产用泵的种类很多，并均有标准系列可查。

选泵需要首先确定流量和扬程。流量按照最大流量或正常流量的 1.1～1.2 倍确定。扬程为所需的实际扬程，依管网系统的安装和操作条件而定。所选泵的扬程应大于所需数值。根据介质物性和工艺要求初选泵的类型，再根据样本选用适合的泵。需要注意的要点是：

① 悬浮液可选用隔膜式往复泵或离心泵输送。

② 黏度大的液体、胶体溶液、膏状物和糊状物可选用齿轮泵和螺杆泵。

③ 毒性或腐蚀性较强的液体可选用屏蔽泵。

④ 输送易燃易爆的有机液体可选用防爆型离心式油泵。

⑤ 对于要求流量均匀的连续操作宜选用离心泵。

⑥ 扬程大而流量小的操作可选用往复泵；扬程不大而流量大时选用离心泵。

此外，还需要考虑泵安装的客观条件，如厂房空间大小，防火、防爆等级等。离心泵结构简单，输液无脉动，流量调节简单，因此除离心泵难以胜任的场合外，尽可能选用离心泵。

2. 换热器的安全操作

换热器的运行涉及工艺过程的热量交换和热量变化，过程中如果热量积累，造成超温就会发生事故。

选择换热器时，要根据热负荷、流量、流体的流动特征和污浊程度、操作压力和温度、允许的压力损失等因素，结合各种换热器的特征与使用场所的客观条件来合理选择。

换热器运行调节时，主要根据天气变化情况来调整供水温度和流量。主要通过控制热机组一端列管式换热器的过热蒸汽进气量，达到控制机组出口水温的目的。室外温度较高时，通过控制设备运行台数及调整进气流量来控制温度。但注意尽量减少换热器开启频率，以防因频繁开停而造成密封垫泄漏。供热负荷减小时应注意蒸汽管道疏水，防止换热器内产生水击。运行调节时要整个系统协调进行。

3. 精馏塔的安全运行

精馏塔的安全运行主要取决于精馏过程的加热载体、热量平衡、气液平衡、压力平衡、被分离物料的热稳定性以及填料的安全性。

精馏塔的形式很多，按塔内部主要部件不同可以分为板式塔和填料塔两大类型。板式塔又有筛板塔、浮阀塔、泡罩塔等多种形式，填料塔也有多种填料。在精馏塔设备选型时应满足生产能力大、分离效率高、体积小、可靠性高、结构简单、塔板压降小的要求。

精馏塔的安全控制重点包括以下几个方面：

（1）漏液

当气速较低时，液体从塔板上的开孔处下落，这种现象称为漏液。严重漏液会使塔板上建立不起液层，导致分离效率的严重下降。

（2）液沫夹带和气泡夹带

当气速增大时，某些液滴被带到上一层塔板的现象称为液沫夹带。产生液沫夹带有两种情况：一种是上升的气流将较小的液滴带走；另一种是气体通过开孔的速度较大。前者与空塔气速有关，后者主要与板间距和板开孔上方的孔速有关。气泡夹带则是指在一定结构的塔板上，因液体流量过大使降液管内的液体流速过快，导致降液管中液体所夹带的气泡来不及从管中脱出而被夹带到下一层塔板的现象。

（3）液泛

当塔板上液体流量很大，上升气体的速度很快时，被气体夹带到上一层塔板上的液体流量猛增，使塔板间充满气液混合物，最终使整个塔内都充满液体，这种现象称为夹带液泛。或者是因降液管通道太小，流动阻力大，或因其他原因使降液管局部堵塞而变窄，液体不能顺利下流，使液体在塔板上积累而充满整个板间，这种液泛称为溢流液泛。液泛使整个塔内的液体不能正常下流，物料大量返混，严重影响塔的操作，分离效率大大下降，在操作中需要特别注意防止。

第二章

化工原理实验研究方法、数据测量及报告编写

第一节　实验研究方法

与其他工程学科相比，化学工程问题研究面临的困难更为复杂，主要表现为：①化学过程涉及的物料种类多，物性千变万化，如物质、组成、温度、压力各不相同；②化工过程的设备形状、大小不同；③热量传递、动量传递、质量传递和化学反应以多种形式存在，十分复杂。因此，需要一些行之有效的实验方法，在这些方法的指导下，可以将数据概括推广，达到由此及彼、以小见大的目的。

一、直接实验法

直接实验法是一种解决工程实际问题最基础的实验方法。此方法一般用于对特定的工程问题，进行直接实验测定，从而得到所需要的结果。所得的结果较为可靠，但它往往只能用于条件相同的情况，具有较大局限性，工作量大且繁杂。例如测定离心泵的特性曲线，已知水的密度（ρ）、进出管路直径（d）、流量（Q）、入口真空表和出口压力表读数（p_1、p_2）、压力表与真空表测压孔之间的垂直距离（z）、泵的轴功率（N），即可根据以下表达式计算出泵的扬程（H）、有效功率（N_e）和效率（η），得到一定转速下离心泵的特性曲线。但若离心泵或者转速改变，所得的特性曲线也不同，则需重新测定。

扬程
$$H = \frac{p_1}{\rho g} + \frac{p_2}{\rho g} + z + \frac{u_2^2 - u_1^2}{2g}$$

有效功率
$$N_e = QH\rho g$$

效率
$$\eta = \frac{QH\rho g}{1000N}$$

二、量纲分析法

量纲分析法是一种工程实验研究方法，在化工单元操作中有广泛的应用。它是在经验和实验的基础上，根据物理定律的量纲一致性原则，将许多的参数组合成一些无量纲数群或特征数，确定各物理量之间的关系，得到普遍化的函数关系式。无量纲数群的数目比参数的数目少，可以大大减少实验的次数，简化数据处理工作，也容易将实验结果应用到工程计算和设计中。

以湍流流动时的直管阻力损失为例，量纲分析法的基本步骤如下：

① 首先通过系统分析和初步实验结果，找出该物理量的影响因素。

湍流流动时的直管阻力损失不仅与管道的直径 d、长度 l、粗糙度 ε 有关，还与流体流动的 Re 有关，因此影响湍流直管阻力损失的因素共有 6 个，分别为 d、l、ε、u、ρ、μ。

② 构造变量和自变量间的函数关系式，一般常采用幂函数的形式表示。

因此，对于湍流流动的直管阻力损失，可以表示

$$\Delta p_{\mathrm{f}} = f(d,l,u,\rho,\mu,\varepsilon)$$

用幂函数表示为

$$\Delta p_{\mathrm{f}} = Kd^{a}l^{b}u^{c}\rho^{e}\mu^{f}\varepsilon^{g} \tag{2-1}$$

式中，K 为常数；a、b、c、e、f、g 为待定系数。

③ 确定变量所涉及的基本量纲，并用基本量纲表示所有独立变量的量纲，写出独立变量的量纲式。

各变量均可用三个基本量纲质量（M）、长度（L）、时间（T）来表示

$$[p] = \mathrm{ML^{-1}T^{-2}}$$

$$[l] = \mathrm{L}$$

$$[d] = \mathrm{L}$$

$$[u] = \mathrm{LT^{-1}}$$

$$[\rho] = \mathrm{ML^{-3}}$$

$$[\mu] = \mathrm{ML^{-1}T^{-1}}$$

$$[\varepsilon] = \mathrm{L}$$

将各变量的量纲代入式（2-1）得

$$\mathrm{ML^{-1}T^{-2}} = K[\mathrm{M}]^{e+f}[\mathrm{L}]^{a+b+c-3e-f+g}[\mathrm{T}]^{-c-f}$$

④ 按照物理方程的量纲一致性原则和 π 定理，有

$$\begin{cases} e+f=1 \\ a+b+c-3e-f+g=-1 \\ -c-f=-2 \end{cases}$$

因此

$$\begin{cases} a = -b - f - g \\ c = 2 - f \\ e = 1 - f \end{cases}$$

将其代入式（2-1）得

$$\left(\frac{\Delta p_{\mathrm{f}}}{\rho u^2}\right) = K\left(\frac{l}{d}\right)^b \left(\frac{du\rho}{\mu}\right)^{-f} \left(\frac{\varepsilon}{d}\right)^g \tag{2-2}$$

式（2-2）中仅包括括号中的 4 个无量纲数群，与式（2-1）相比，不难看出，量纲分析可以使变量减少，从而大大缩减了所需的实验量。量纲分析能够确定湍流直管阻力与各无量纲数群之间的大致关联式，但各待定系数仍需进一步通过实验确定。

三、数学模型法

数学模型法又称公式法或函数法，即用一个或一组函数方程式来描述过程变量之间的关系。数学模型法是在抓住问题特征的基础上，将复杂问题做合理又不过于失真的简化，提出近似实际过程的简化物理模型，对所得的物理模型进行数学描述，得到数学方法表示的数学模型，然后确定该方程的初值条件，求解方程。最后，通过实验检验数学模型的合理性并得到模型参数。

滤饼的过滤速度方程是根据数学模型法导出的。

如图 2-1 所示，滤饼一般是有一定厚度的，且具有多孔性孔道的物质，可看成是颗粒床层。由于滤饼的孔道小而曲折，相互交联，通道的长度和大小难以测量，为了便于数学计算，工程上常将复杂的实际流动颗粒床层进行简化处理，把颗粒床层通道转化成一组长度为 L 的平行细管流体通道，如图 2-1（b）所示。将实际流动简化成简单的物理模型后，进行数学描述和求解即可得到滤饼的过滤速度方程。

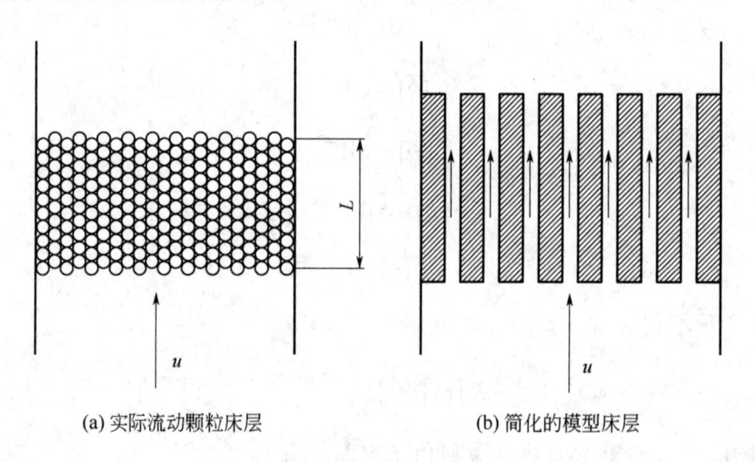

图 2-1　颗粒床层简化模型示意图

简化物理模型的建立源于对过程的认识，一般来说，对过程本质和规律的认识越深刻，建立的物理模型越合理，其数学描述也越准确。

第二节　实验数据测量

任何实验测定值均存在误差，实验误差总存在于一切科学实验之中，它是普遍、客观存在的。在实验测量过程中，由于测量仪器的精密程度、测量方法的可靠性，以及测量环境、实验者等多方面的因素，使得测量值与真值间不可避免地存在着一些差异，即使是非常精密的仪器，也只能测出真值的近似值，这种差异在数值上的表现被称为误差。研究误差的目的并非将误差减小到不能再小的程度，而是将实验误差从实验数据中剥离下来，通过实验数据的分析，得出过程的本质规律以及预测目标值可能出现波动的范围。换言之，研究误差是为了减小或消除误差对客观规律认识的干扰。由于误差普遍存在于测量过程中，因此对测量误差进行估计和分析，是实验者应该熟练掌握的内容，对评判实验结果和设计方案具有重要的意义。

一、测量误差的基本概念

1. 真值

真值即真实值。在一定条件下，任何一个被测量对象的物理量总具有一定的客观实际值，这个客观存在的实际值被称为真值。真值是一个理想值，由于测量仪器、测量方法、环境、实验者及测量程序等影响因素的存在，实验误差难以避免，导致真值通常是一个未知量，不能直接测出。因此在分析实验误差时，一般可以采用理论真值、相对真值或近似真值来代替真值。

（1）理论真值

也称绝对真值，指可以通过理论证实的值。如平面三角形内角之和为180°；热力学温标的零度——绝对零度等于-273.15℃等。

（2）相对真值

计量仪器按精度不同分为若干等级，上一等级标准仪器的指示值即为下一等级测量仪器的真值，此真值称为相对真值。例如：用高精度的涡轮流量计测量的流量值相对于用普通流量计测量的流量值而言，其值可看作真值。

（3）近似真值

近似真值是指在实验过程中观测次数无限多时，求得的平均值。如果实验测量的次数无限多，根据误差分布规律可知，正负误差出现的概率相等，将各个测量值相加取平均，在无系统误差的情况下，可能获得近似于真值的数值。常用的平均值有下列几种：

① 算术平均值

$$x = \frac{x_1 + x_2 + \cdots + x_n}{n} = \frac{1}{n}\sum_{i=1}^{n} x_i \tag{2-3}$$

② 几何平均值

$$x_g = \sqrt[n]{x_1 \times x_2 \times x_3 \times \cdots \times x_n} \tag{2-4}$$

③ 均方根平均值

$$x_s=\sqrt{\frac{x_1^2\times x_2^2\times x_3^2\times\cdots\times x_n^2}{n}}=\sqrt{\frac{\sum_{i=1}^{n}x_i^2}{n}} \quad (2\text{-}5)$$

④ 对数平均值

$$\lg x_1=\frac{1}{n}\sum_{i=1}^{n}\lg x_i \quad (2\text{-}6)$$

式中，$x_1,x_2\cdots$为各次测量值；n 为测量的次数；x、x_g、x_s、x_1 分别为算术平均值、几何平均值、均方根平均值、对数平均值。

2. 绝对误差与相对误差

（1）误差的定义

由于实验条件、环境、测量仪器等因素的限制，使测量不可能无限精确，实验测量值（包括直接和间接测量值）与客观存在的真值之间总会存在着一定的差异，这种差异称为误差，表示为：误差=测量值-真值。

误差的大小表示每一次测得的值相对于真值不符合的程度。误差与错误不同，错误是应该而且可以避免的，而误差是不可能绝对避免的，只能减小。从实验的原理、实验所用的仪器及仪器的调整，到对物理量的每次测量，都不可避免地存在误差，并贯穿于整个实验始终。

（2）绝对误差和相对误差

根据不同的表示方法，误差可分为绝对误差和相对误差。

① 绝对误差：某物理量经测量后，用测量值 x 减去真值 A，所得余量 Δx 称为绝对误差。

记为
$$\Delta x=x-A \quad (2\text{-}7)$$

绝对误差是既指明误差的大小，又指明其正负方向，以同一单位量纲反映测量结果偏离真值大小的值。在工程计算中，常用平均值或相对真值代替真值。

② 相对误差：测量所造成的绝对误差 Δx 与真值的绝对值之比称为相对误差，以百分数表示。

记为
$$\delta=\left|\frac{\Delta x}{x}\right|\times 100\% \quad (2\text{-}8)$$

实验数据处理中，绝对误差虽然重要，但仅用它不足以说明测量的准确程度。它不能给出测量准确与否的完整概念。一般来说，相对误差更能反映测量的可信程度。例如，测量者用同一把尺子测量直径为 1cm 和 10cm 的管道，它们的测量值的绝对误差显然是相同的，但是相对误差前者比后者大了一个数量级，表明后者测量值更为可信。因此一般使用相对误差来衡量某一测量值准确度的高低。

二、直接测量和间接测量

根据获得测量结果的方法不同，测量可以分为直接测量和间接测量。

① 直接测量：无需通过数学模型的计算，仅由仪器直接读出数据的测量法称为直接测量。如用秒表计时间，用米尺测量长度，用压力表测量压强等。

② 间接测量：基于直接测量得到的数据，按一定的函数关系式，通过计算或作图从而间接获得测量结果的测量法称为间接测量。例如：测定长方形的面积时，先测量长度 a 和宽度 b，用公式 $S=ab$ 计算出面积 S，面积 S 就属于间接测量的物理量。

直接测量比较直观，间接测量比较繁琐，并且直接测量法的精确度一般小于间接测量法。化工原理实验中多数实验数据采用间接测量。

三、误差的性质及其分类

根据误差产生的原因及其性质，一般将误差分为系统误差、随机误差和过失误差三种。

1. 系统误差

系统误差又称可测误差、恒定误差或偏移，指测量值的总体均值与真值之间的差别，由测量过程中某些恒定因素造成。在相同条件下，实验过程中对同一物理量进行多次测量时，其误差数值大小、正负保持恒定，或在条件改变时，按某一确定规律变化。例如水银温度计的零位变动偏高了 0.2℃，用这支温度计进行多次测量，每次都会偏高 0.2℃。

系统误差在一定条件下具有重现性，并不因增加测量次数而减小。可以是方法、仪器、试剂、恒定的测量人员和恒定的环境造成的。产生系统误差的原因有以下几点。

① 仪器误差：由于仪器本身的缺陷或没有按规定条件使用仪器而造成的。如仪器设计上存在的缺陷，仪器未调整好等。

② 外界环境：外界温度、湿度及压力、电磁场等对测量仪器的影响所产生的误差。

③ 理论误差（方法误差）：由于测量所依据的理论公式本身的近似性，或实验条件不能达到理论公式所规定的要求，或者是实验方法本身不完善所带来的误差。如采用近似的测量方法或近似的计算公式等。

④ 个人误差：由于测量人员的习惯偏向而产生的误差，它因人而异，并与观测者当时的精神状态有关。

总之，系统误差有固定的偏向和确定的规律，一般可根据具体原因采取相应措施给予校正或用修正公式加以消除。

2. 随机误差

随机误差又称偶然误差或不可测误差，是由测定过程中各种随机因素的共同作用造成的，随机误差遵从正态分布规律。在相同条件下测量同一量时，误差的绝对值时大时小，其符号时正时负，没有确定的规律，也不可预测，但具有抵偿性。如果对某一量作多次的精度测量，还会发现随机误差完全服从统计规律，误差的大小或正负的出现完全由概率决定。因此，随着测量次数的增加，随机误差可以减小，但不会消除。所以，多次测量的算术平均值将更接近于真值。

3. 过失误差

过失误差又称粗差，是由测量过程中操作错误引起的，如读数错误、记录错误或操作失败，它明显地歪曲测量结果，常表现为误差特别大。由于是人为产生的，只要精心操作便可避免，故这类误差在数据处理时应予以剔除，一经发现必须及时改正。

随机误差和系统误差间并不存在绝对的界限。如压力表刻度划分有误差，对制造者来说是随机误差；而使用者用它进行测量时，将产生系统误差。同样，由于过失误差有时难以和随机误差相区别，经常被当作随机误差来处理。系统误差是误差的重要组成部分，在测量时，应尽力消除其影响，对于难以消除的系统误差，应设法确定或估计其大小，以提高测量的正确度。

第三节　实验数据整理

一、实验数据的有效数字和记数法

在测量和实验数据的处理中，应该用几位数字来表示测量和实验结果，这是一个很重要的问题。那种认为小数点后面的数字越多越准确或者是运算结果保留的位数越多越准确的想法是错误的。测量值所取的位数，应正确反映所用的仪器和测量的方法可能达到的精度。

记录测量数值时，一般只保留一位估计数字。例如，微压计的读数为5510.7Pa，前四位数字5510是准确知道的，0.7是估计读出的。为了能清楚地表示出数据的准确度和方便运算，可将读取的数据写成指数的形式。在第一位有效数字后加小数点，而其数值的数量级则由10的幂次方来确定。比如刚才读的5510.7Pa，可记为5.5107×10^3Pa，它表示其有效安全数字为五位。这时，即使有效安全数字末位为零，也要记取。例如，微压计读数恰好为5510.0Pa，可记为5.5100×10^3Pa。如果是非直接测量值，即必须通过中间运算才得到结果的数据，可按有效数字的运算规则进行运算。

① 加法运算：在各数中，以小数位数最少的数为准。

例如：60.4+2.02+0.222+0.0467 → 60.4+2.02+0.22+0.05=62.7。

② 减法运算：当相减的数差得较远时，有效数字的处理与加法相同。但相减的数如果非常接近，这样相减则失去若干有效数字。因此，除了保留应该保留的有效数字外，应对计算方法或测量方法加以改进，尽量不出现两个相近的数相减的情况。

③ 乘法或除法运算：在各数中，以有效数字位数最少的数为准，其余各数均比该数多一位，计算结果的有效数字位数与有效数字位数最少的数相同。

例如：532.31×0.83÷3.141 → 532×0.83÷3.14=141。

④ 乘方及开方运算：运算结果和底数的有效数字位数相同。

例如：$\sqrt{6.5}=2.6$。

⑤ 对数运算：取对数前后的有效数字位数应相等，或运算结果的有效数字由实验要求决定。

例如：lg3.86=0.587，ln3.868=1.353。

二、实验数据的处理

化工原理实验测量多数是间接测量，常见的实验数据处理方式分为三种：列表法、作图法和数学模型法。一般处理的程序是：首先将直接测量结果按前后顺序列成表格，然后计算中间结果、间接测量结果及其误差；然后将这些结果列成表格；最后按实验要求将结果用图形表示出来，或者用经验公式表示。

1. 列表法

列表法是将一组实验数据和计算的中间数据依据一定的形式和顺序列成表格。在设计化工原理实验记录表格时要注意以下几点：

① 表格设计要合理，以利于记录、检查、运算和分析。

② 表格中涉及的各物理量，其符号、单位及量值的数量级均要表示清楚。不要把单位写在数字后。

③ 表中数据要正确反映测量结果的有效数字和不确定度。列入表中的除原始数据外，计算过程中的一些中间结果和最后结果也可以列入表中。

④ 表格要加上必要的说明。实验室所给的数据或查得的单项数据应列在表格的上部，说明写在表格的下部。

列表法的优点是可以简单明确地表示出物理量之间的对应关系，便于分析和发现实验结果的规律性，也有助于检查和发现实验中的问题。

2. 作图法

作图法通过在坐标纸上用图线揭示物理量之间的联系。作图法具有简明、形象、直观、便于比较研究实验结果等优点，它是一种最常用的数据处理方法。作图法的基本规则有以下几点。

① 坐标系的选择：根据函数关系选择适当的坐标纸和比例，画出坐标轴，标明物理量符号、单位和刻度值，并写明实验测试条件。化工专业常用的坐标有直角坐标、对数坐标和半对数坐标等，根据数据关系或预测的函数形式进行选择。如是线性函数，采用直角坐标；如是幂函数，采用对数坐标以使图形线性化；指数函数则采用半对数坐标；若自变量或者因变量中最小值与最大值之间的数量级相差太大时，亦可以选用半对数坐标。

② 坐标的分度：坐标的分度应与实验数据的有效数字大体相符，最适合的分度是使实验曲线坐标读数和实验数据具有同样的有效数字位数。其次，横、纵坐标之间的比例不一定取得一致，应根据具体情况选择，使实验曲线的坡度介于30°～60°之间，这样的曲线坐标读数准确度较高。

③ 坐标的原点不一定是变量的零点，可根据测试范围加以选择。坐标分格最好使最小数字的一个单位可靠数与坐标最小分度相当。横纵坐标比例要恰当，以使图线居中。

④ 描点和连线。根据测量数据，用直尺和笔尖使函数对应的实验点准确地落在相应的位置。一张图纸上画几条实验曲线时，每条曲线应用不同的标记如“+”、“×”、“·”、“Δ”等符号标出，以免混淆。连线时，要顾及到数据点，使曲线呈光滑曲线（含直线），并使数据点均匀分布在曲线（直线）的两侧，且尽量贴近曲线。个别偏离过大的点要重新审核，属过失误差的应剔去。

⑤ 标明图名，即做好实验图线后，应在图纸下方或空白的明显位置处，写上图的名称、作者和作图日期，有时还要附上简单的说明，如实验条件等，使读者一目了然。作

图时，一般将纵轴代表的物理量写在前面，横轴代表的物理量写在后面，中间用“～”连接。

作图法的优点是直观清晰，便于比较，通过实验曲线容易看出数据中的极值点、转折点、周期性、变化率以及其他特性。实验曲线也有助于我们找出它的数学模型。

第四节　实验报告编写

实验报告是实验工作的全面总结，要用简明的形式将实验结果完整和真实地表达出来。实验报告的质量好坏将体现学生对实验内容的理解能力和动手能力。因此，一份好的实验报告，必须写得简单明白、一目了然，这就要求数据完整，有讨论分析，结论明确，得出的公式或图线有明确的使用条件。

一、实验报告格式

实验报告的格式虽然不必强求一致，但内容一般应包括以下几个方面：

① 报告的标题、基本信息（要简明确切）。

② 实验目的及任务。

③ 实验原理（包括原理说明、相关公式等）。

④ 实验设备说明（包括流程示意图和主要设备、仪表的类型及规格）。

⑤ 实验内容及步骤。实验者可按实验指导书上的步骤编写，也可根据实验原理自行编写，但一定要按实际操作步骤详细如实地写出。

⑥ 实验数据记录（包括原始数据记录表格和整理后的数据记录表格）。根据实验原始记录和实验数据处理要求，画出数据表格，整理实验数据。表中各项数据如是直接测得，要注意有效数字位数；如是计算所得，必须列出所用公式，并以一组数据为例进行计算，其他可直接填入表格。

⑦ 实验结果。要根据实验任务明确提出本次实验的结论，用作图法、数学模型法或列表法均可。但都要注明实验条件。

⑧ 实验结果分析。对实验结果作出总结，分析讨论误差大小及原因，对实验中发现的问题应进行讨论，对实验方法、实验设备的改进建议也可写入此栏。

⑨ 回答思考题。

二、实验报告要求

实验报告要求：简明扼要，文理通顺，字迹端正，图表清晰，结论正确，分析合理，讨论力求深入。实验报告书写用纸力求格式正规化、标准化。实验数据计算必须用国际标准单位，实验曲线必须注明坐标、量纲、比例等。

下面提供雷诺实验报告撰写模板供读者参考。

《化工原理实验（一）》

实 验 报 告

班　　级____________________

姓　　名____________________

学　　号____________________

年　　月

实验一　雷诺实验

1.1　实验目的

1.2　实验任务

1.3　实验原理

1.4　实验部分

1.4.1　实验装置与流程

图 1　雷诺实验装置流程图

实验装置仪表及流程简要说明：

1.4.2 实验步骤和操作要点

1.5 实验数据记录

实验日期：__________ 实验人员：__________

指导老师：______________ 装置号：__________

实验介质：水。

基本参数：管内径______mm； 水温_______℃； 水的密度______$kg \cdot m^{-3}$

水的黏度______ Pa·s

表 1 雷诺实验原始数据（流型观察）记录表

序号	流量 Q/（$L \cdot h^{-1}$）	实际观察到的流型
1		
2		
3		
4		
5		
6		

1.6 数据处理与结果讨论

要求：

（1）根据上述实验结果计算雷诺数，判断管内流体的流型，并将结果列于表 2 中，同时写出计算示例。

（2）测定临界雷诺数 Re_c。

（3）对实验结果进行分析讨论。

表 2 雷诺实验数据处理表

序号	流量 Q/（$L \cdot h^{-1}$）	流速 u/（$m \cdot s^{-1}$）	雷诺数 Re	实际观察到的流型	Re 判断的流型
1					
2					

续表

序号	流量 Q/（$L \cdot h^{-1}$）	流速 u/（$m \cdot s^{-1}$）	雷诺数 Re	实际观察到的流型	Re 判断的流型
3					
4					
5					
6					

临界雷诺数 Re_c=

计算示例及其结果分析：

1.7　思考题

（1）影响流体流动型态的因素有哪些？

（2）有人说可以只用流速来判断管中流体的流动型态，流速低于某一具体数值时是层流，否则是湍流，这种看法是否正确？在什么条件下可以由流速的数值来判断流动型态？

（3）如果观察到的流动型态与根据 Re 判断的型态不一致，试分析原因。

（4）如果管子不是透明的，不能直接观察判断管中的流体流动型态，你认为可以用什么办法来判断？

（5）简述转子流量计的测量原理。

第三章

化工原理实验常用仪器仪表

化工生产的各个过程都是在一定的工艺条件下进行的。为了有效地进行生产操作和自动控制，要对生产中各种工艺参数，如压力、液位、流量、温度、物料成分等进行测量、调节和控制。操作人员要正确地控制这些工艺条件，才能使生产安全、正常地进行，实现优质高产，这就需要通过化工仪表来实现。

本章重点介绍一些常用的压力、流量、温度测量仪表的结构、工作原理、安装以及使用知识。

第一节　压力计

一、液柱式压力计

液柱式压力计是利用液柱高度产生的压力和被测压力相平衡的原理制成的测压仪表。这种测压仪表具有结构简单、使用方便、精度较高、价格低廉的优点，既有定型产品又可自制，在工业生产和实验室中广泛用来测量较小的压力、负压力和压差。

1. 液柱式压力计的结构形式

化工原理实验室里常用的液柱式压力计有 2 种：U 形管压力计、斜管压力计。

（1）U 形管压力计

U 形管压力计的结构如图 3-1 所示，在 U 形的玻璃管内装有密度为 ρ_A 的某种液体 A 作为指示液。指示液 A 与被测流体不互溶且不发生化学作用，其密度 ρ_A 大于被测流体的密度 ρ。

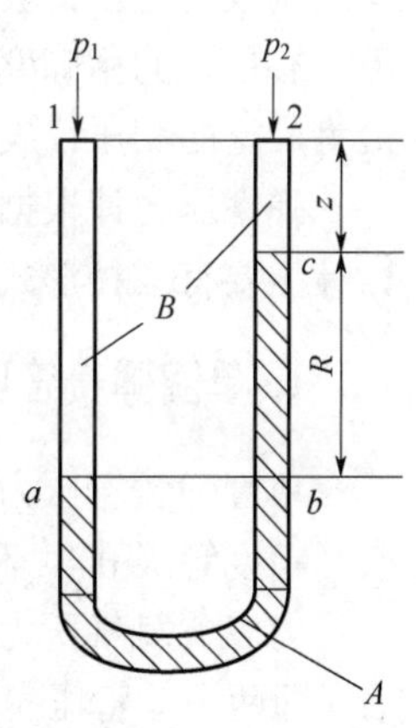

图 3-1　U 形管压力计

U 形管两端分别与两个测压点相连，如果作用于 U 形管两端的压强不等，则U形管两侧管内的指示液液面就会有高度差R。

在U形管中指示液内的a、b两点处于同一等压面上，即$p_a = p_b$，根据流体静力学平衡方程，可推出

$$p_1 - p_2 = (\rho_A - \rho)gR \tag{3-1}$$

（2）斜管压力计

斜管压力计是在被测压差不是很小，也不是太大时使用的一种压差计。它是将U形管压差计倾斜放置以放大读数，如图3-2所示。压差的计算方法仍可应用式（3-1），只是这时的$R = R'\sin\alpha$。

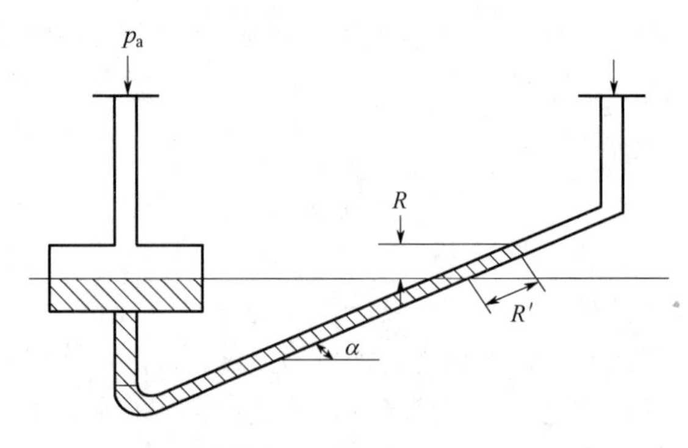

图3-2　斜管压力计

2. 液柱式压力计在使用时的注意事项

① 避免安装在过热、过冷、有腐蚀性液体或有振动的地方。

② 选择工作液体时要注意被测液体不能与工作液体混溶或者发生反应，注入液体时，应使液面对准标尺零点。

常用的工作液体包括水银、水、变压器油、四氯化碳、煤油、甘油等。

二、弹性压力计

弹性压力计是利用各种不同形状的弹性感压元件在被测压力的作用下，产生弹性变形的原理制成的测压仪表。这种仪表具有构造简单、牢固可靠、测压范围广、使用方便、造价低廉、有足够的精确度等优点，便于制成发送信号、远距离指示及控制单元，是工业部门应用最为广泛的测压仪表。

弹性压力计根据测压范围的大小，有不同的弹性元件。按弹性元件的形状结构，弹性压力计主要有三种形式：单圈弹簧管压力计、膜片压力计和膜盒压力计。

1. 单圈弹簧管压力计

单圈弹簧管压力计种类繁多，按精度等级来分有精密压力表（精度等级0.25）、标准压力表（精度等级0.4）和普通压力表（精度等级1.5和2.5）；按用途来分有压力表、真空表、氨气压力表、氧气压力表、乙炔压力表、氢气压力表等；按信号显示方式来分有双针双管压力表（即两个单管压力测量系统装在一个表壳内，可测量两个压力）、电接点压力表、远传压力表等；按适应特殊环境的能力来分有防爆压力表、耐震压力表、抗硫压力表、耐酸压力表等。

电接点压力表如图 3-3 所示，它能简便地在压力偏离给定范围时及时发出信号，以提醒工作人员注意或通过自控装置使压力保持在给定范围内。

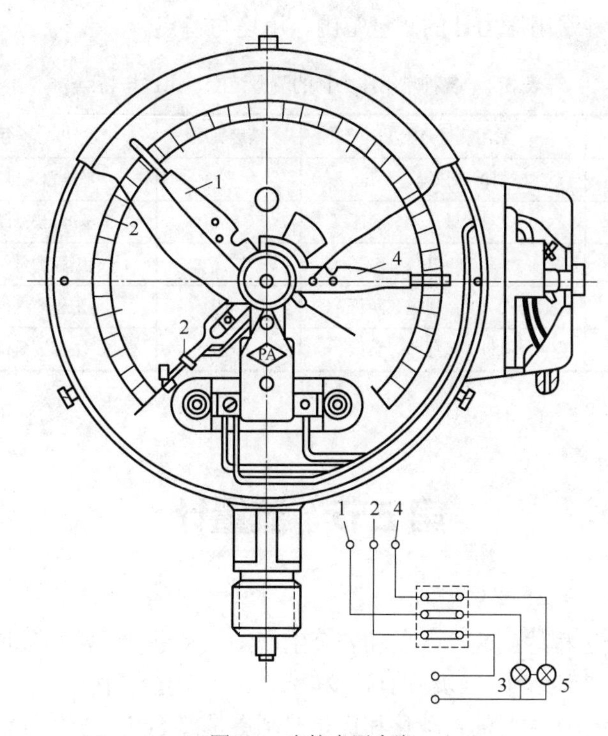

图 3-3 电接点压力表

1，4—静触点；2—动触点；3—绿灯；5—红灯

2. 膜片压力计

膜片压力计的最大优点是可用来测量黏度较大介质的压力。如果膜片和下盖是用不锈钢制造的，或膜片和下盖内侧涂以适当的保护层（如 F-3 氟塑料），还可以用来测量某些腐蚀介质的压力。

3. 膜盒压力计

膜盒压力计适用于测量空气和对铜合金不起腐蚀作用的气体的微压和负压。

三、压力计选用及安装

仪表的选型应根据被测介质情况、现场环境及生产过程对仪表的要求进行。量程要根据被测压力的大小及其在测量过程中的变化情况来选取。精度应根据要求在规定的精度等级中选择确定。所选精度等级应小于或至少等于所要求的仪表允许最大引用误差。

仪表类型的选择，通常需要考虑以下因素：①被测介质的物理化学性质，如温度高低、黏度大小、脏污程度、腐蚀性，是否易燃易爆、易结晶等。②生产过程对压力测量的要求，如被测压力范围、精确度以及是否需要远传、记录或上下限报警等。③现场环境条件，如高温、腐蚀、潮湿、振动、电磁场等。

量程的选择，通常考虑：①一般在被测压力比较平稳的情况下，最大工作压力应不超过仪表满量程的 3/4。②在被测压力波动较大的情况下，最大压力值不超过仪表满量程的 2/3，一般示值应控制在量程的 1/2 左右，压力最小值应不低于全量程的 1/3。

表 3-1 提供了各种常用压力计的测量范围、用途与特点。

表 3-1　各种常用压力计的测量范围、用途与特点

仪表类型		常用测量范围/Pa	精度等级	用途与特点
液柱式压力计	U 形管压力计	$0\sim10^5$ 或压差、负压	高	基准器、标准器、工程测量仪表
	斜管压力计	$0\sim2\times10^3$ 或压差、负压	高	基准器、标准器、工程测量仪表
弹性压力计	单圈弹簧管压力计	$0\sim10^9$	较高	工程测量仪表、精密测量仪表
	膜片压力计	$0\sim2\times10^6$ 或压差、负压	一般	工程测量仪表、精密测量仪表
	膜盒压力计	$0\sim4\times10^4$ 或压差、负压	一般	工程测量仪表、精密测量仪表

第二节　流量计

流量是控制生产过程达到高产优质和安全生产，以及进行经济核算所必需的重要参数。在具有流动介质的工艺流程中，物料的输送和配比、生产过程中物质和能量的平衡等等，都与流量有密切关系，工业生产的自动化和优化控制更是离不开流量的测量和控制。

一、流量计的分类

目前工业上的流量测量仪表种类很多，分类也各种各样。若按工作原理分，常用的流量计有：面积式流量计、差压式流量计、流速式流量计和容积式流量计等。这四大类在化工原理实验中都有应用，它们的测量范围、精度等级、适用场合和特点分别列于表 3-2 中。

表 3-2　化工原理实验常用的流量计分类表

名称		测量范围	精度等级	适用场合	特点
面积式	玻璃转子流量计	$1.6\times10^{-2}\sim1.0\times10^3 m^3\cdot h^{-1}$（气） $1.0\times10^{-3}\sim4.0\times10^1 m^3\cdot h^{-1}$（液）	2.5	空气、氮气、水及与水相似的其他安全流体的小流量测量	结构简单，维修方便； 精度低； 不适用于有毒介质及不透明介质
差压式	节流装置流量计	$60\sim25000 mmH_2O$	0.5～1.5	非强腐蚀的单向流体的流量测量，允许有一定的压力损失	使用广泛； 结构简单； 对标准节流装置不必标定即可使用
	匀速管流量计	$60\sim25000 mmH_2O$	1.0	大口径、大流量的各种气体与液体的流量测量	结构简单； 安装、拆卸、维修方便； 压损小，能耗小； 输出压差较低
流速式	旋翼式水表	$0.045\sim2800 m^3\cdot h^{-1}$	2.0	主要用于水的测量	结构简单，表型小，灵敏度高； 安装使用方便
	涡轮流量计	$0.04\sim6000 m^3\cdot h^{-1}$（液） $2.5\sim350 m^3\cdot h^{-1}$（气）	0.5～1	用于黏度较小的洁净流体，及宽测量范围内的高精度测量	精度较高，适用于计量； 耐温耐压范围较广； 变送器体积小，维护容易； 轴承易损坏，连续使用周期短

续表

名称		测量范围	精度等级	适用场合	特点
流速式	电磁式流量计	2～5000$m^3 \cdot h^{-1}$	1.0	适用于电导率>$10^{-4}S \cdot cm^{-1}$的导电液体的流量测量	只能测导电液体； 测量精度不受介质黏度、密度、温度、电导率变化的影响； 几乎无压损； 不适合测量铁磁性物质
容积式	椭圆齿轮流量计	0.05～120$m^3 \cdot h^{-1}$	0.2～0.5	适用于高黏度介质流量的测量	精度较高； 计量稳定； 不适用于含有固体颗粒的流体

二、玻璃转子流量计

玻璃转子流量计的主要测量元件为一根垂直安装的锥形玻璃管和在其内可上下移动的浮子。它具有压力损失小、性能可靠、结构简单、安装使用方便、价格便宜等特点，如图 3-4 所示。

其工作原理是：当流体自下而上流经锥形玻璃管时，流体动能在浮子上产生的升力 S 和流体的浮力 A 使浮子上升，当升力 S 与浮力 A 之和等于浮子自身重力 G 时，浮子处于平衡，稳定在某一高度位置上，此时锥形玻璃管上的刻度指标即流体的流量值。玻璃转子流量计工作原理图如图 3-5 所示。

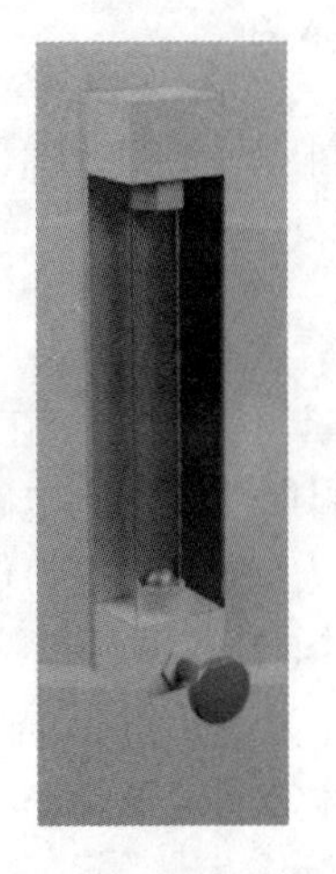

图 3-4　玻璃转子流量计

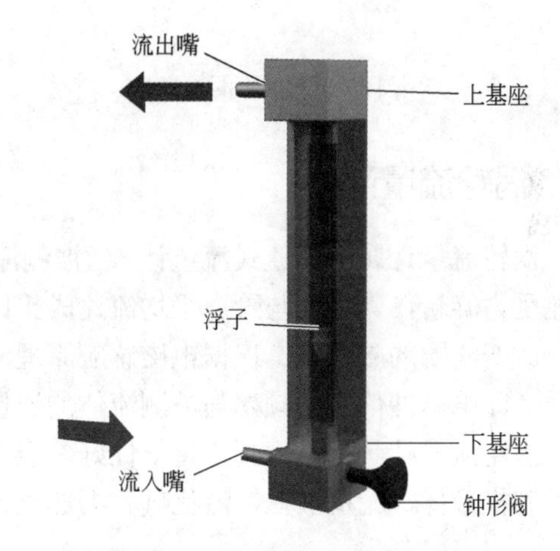

图 3-5　玻璃转子流量计工作原理

玻璃转子流量计广泛应用于化工、石油、轻工、医药、食品、环保等行业，用来测量单相非脉动流体（液体或气体）的流量。

三、孔板流量计

孔板流量计是标准孔板与多参数差压变送器（或差压变送器、温度变送器及压力变送器）配套组成的高量程比差压流量装置，属于节流装置流量计。它可测量气体、液体的流量，广泛应用于石油、化工、冶金、电力、供热、供水等领域的过程控制和流量测量，如图 3-6 所示。

四、文丘里流量计

文丘里流量计是一种常用的测量有压管道流量的装置，也属于节流装置流量计。它包括“收缩段”、“喉道”和“扩散段”三部分，常用于测量空气、天然气、煤气、水等流体的流量，广泛应用于煤气、电力、水泥等能源动力工业领域，如图 3-7 所示。

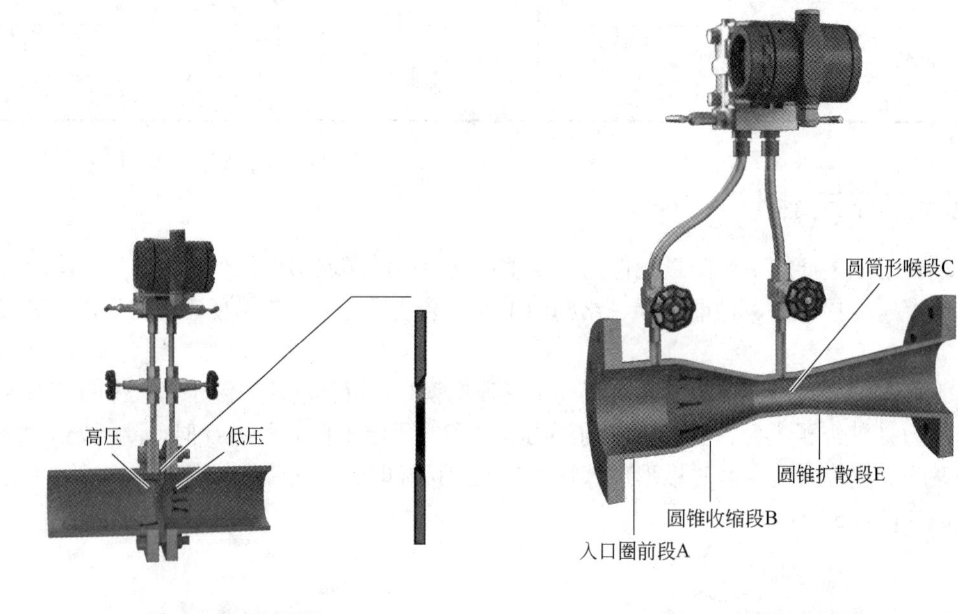

图 3-6　孔板流量计

图 3-7　文丘里流量计

五、涡轮流量计

涡轮流量计属于流速式流量计。当被测流体流过涡轮流量计传感器时，在流体的作用下，叶轮受力旋转，其转速与管道平均流速成正比。同时，叶片周期性地切割电磁铁产生的磁力线，改变线圈的磁通量。根据电磁感应原理，在线圈内将感应出脉动的电势信号，即电脉冲信号，此电脉冲信号的频率与被测流体的流量成正比，如图 3-8 所示。

涡轮流量计具有精度高、重复性好、无零点漂移、量程比高等优点，广泛应用于测量石油、有机液体、无机液体、液化气、天然气、煤气和低温流体等的流量。

六、电磁流量计

电磁流量计的工作原理是基于法拉第电磁感应定律。在电磁流量计中，测量管内的导电介质相当于法拉第试验中的导电金属杆，上下两端的两个电磁线圈产生恒定磁场，当有导电介质流过时，则会产生感应电压。管道内部的两个电极测量产生的感应电压。测量管道通过不导电的内衬（橡胶、特氟龙等）实现与流体和测量电极的电磁隔离。

电磁流量计具有以下一些特点：①具有双向测量系统；②传感器所需的直管段较短，长度为 5 倍的管道直径；③压力损失小；④测量不受流体密度、黏度、温度、压力和电导率变化的影响；⑤主要应用于污水处理方面。

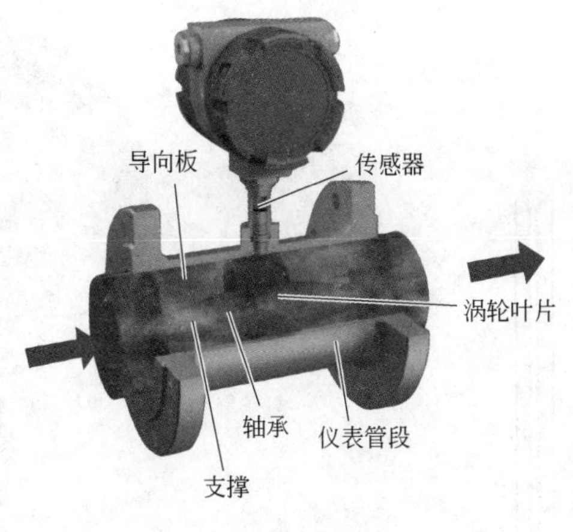

图 3-8　涡轮流量计

第三节　温度计

测温仪表按其测量范围来分，测量 550℃以下的仪表称温度计，测量 550℃以上的仪表称高温计；按其测量方法来分，有接触式测温仪表（感温元件与被测物体接触）和非接触式测温仪表（感温元件与被测物体不接触）；按测温仪表的作用原理可以分为五大类，即膨胀式温度计、压力式温度计、电阻温度计、热电偶温度计和辐射式温度计。化工原理实验室常用的有膨胀式温度计、双金属温度计和热电偶温度计。

一、膨胀式温度计

膨胀式温度计利用液体受热膨胀的性质制成。常用的液体有水银和乙醇。广泛用于测量 -200～500℃范围内的温度。

其工作原理是在玻璃感温包中，装入感温液体，温度升高，感温液体膨胀，液体的膨胀系数比玻璃大，因此，感温液体沿毛细管上升，从毛细管中的液柱高度得知感温液体的温度。

膨胀式温度计是最常用，也是最简单、最便宜的温度计。这种温度计的工作特点是感温包里面的液体不同，温度测量范围也不一样。乙醇的测量范围为-110～75℃，煤油测量范围约为-30～150℃。使用中不能够超出温度计标度的测量范围，否则将损坏温度计，同时也不能碰撞温度计。其主要优点是构造简单，使用方便，精度高和价格低廉。缺点是惰性大，能见度低，不能自动记录及远距离传送。膨胀式温度计如图 3-9 所示。

二、双金属温度计

双金属温度计的工作原理是两种不同金属在温度改变时膨胀程度不同。主要的元件是一个用两种或多种金属片叠压在一起组成的多层金属片。为提高测温灵敏度，通常将金属片制成螺旋卷形状。当多层金属片的温度改变时，各层金属膨胀或收缩量不等，使得螺旋卷卷起或松开。由于螺旋卷的一端固定而另一端和一可以自由转动的指针相连，因此，当双金属片感受到温度变化时，指针即可在一圆形分度标尺上指示出温度，如图 3-10 所示。

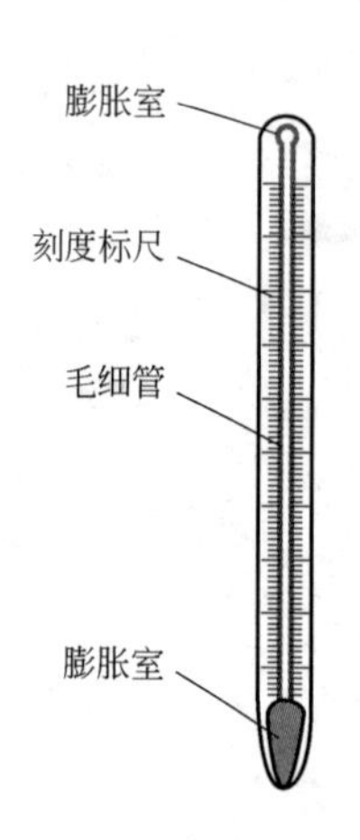

图 3-9　膨胀式温度计

图 3-10　双金属温度计

双金属温度计按指示部分与保护管连接方式不同，分为以下三种类型：①轴向型；②径向型；③135 度角型。

双金属温度计的特点是：温度显示直观方便；安全可靠，使用寿命长；多种结构形式，可满足不同要求；可以直接测量各种生产过程中的-80～500℃范围内液体、蒸气和气体介质温度，精度有 1.0、1.5 和 2.5 级。能使用玻璃温度计的场合，双金属温度计都能适用，而且它还适用于振动较大的场合的温度测量。

双金属温度计在使用中应注意：①应根据实际被测温度选用合适量程的温度计。使用中不应超过其允许温度测量范围，以免老化，影响使用寿命。②安装前要进行标定，简单的方法是用一支标准玻璃水银温度计对照检查它的室温示值，然后在热水或沸水中校验它在某一点的指示准确度。在校验过程中，注意观察其传动系统是否灵活，指针是否平稳移动。当检查合格后，该温度计方能进行安装。③使用过程中，要保持表体清洁，以便于读数。同时，应注意维护保养，勿使温度计感温部分腐烂、锈蚀。

三、热电偶温度计

1. 热电偶温度计的工作原理

将两种不同成分的导体（称为热电偶丝或热电极）两端接合成回路，当接合点的温度不同时，在回路中就会产生电动势，这种现象称为热电效应，而这种电动势称为热电势。热电偶就是利用这种原理进行温度测量的，其中，直接用作测量介质温度的一端叫做工作端（也称为测量端），另一端叫做冷端（也称为补偿端）。冷端与显示仪表或配套仪表连接，显示仪表会指出热电偶所产生的热电势。

热电偶温度计具有以下一些优点：①测量精度高。因热电偶直接与被测对象接触，不受中间介质的影响。②测量范围广。常用的热电偶从-50～1600℃均可连续测量，某些特殊热电偶最低可测到-269℃，最高可达 2800℃。③构造简单，使用方便。通常是由两种不同的金属丝组成，而且不受大小和形状的限制，外有保护套管，用起来非常方便，如图 3-11 所示。

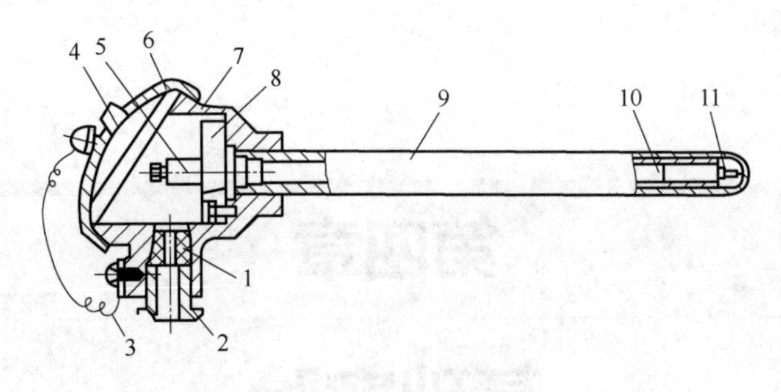

图 3-11　普通热电偶的结构

1—出线孔密封圈；2—出线孔螺母；3—链条；4—面盖；5—接线柱；6—密封圈；7—接线盒；8—接线座；9—保护管；10—绝缘子；11—热电偶

2. 热电偶的焊接

（1）气焊

气焊时必须开足乙炔气，氧气开得小一些，使其形成焰芯，而后由焰芯焊接热电偶接点。

（2）电弧焊

将一组大容量电解电容并联在一起，调节变压器使输出电压适当，一般为 50V 左右，合上 K 经二极管整流对电容器充电。当电压表指示一定值时（一般直径不太粗的热电偶丝为 30V）打开 K，切断电源，电路如图 3-12 所示。电容的一端连接一个夹子，把热电偶的两根电偶丝用砂纸打磨掉绝缘漆，并绞 3～4 绞，夹在夹子上，电容的另一端连接一金属块。在电容充好电后，用夹子夹牢电偶丝（垂直方向）并与金属块相碰，在放电的瞬间产生火花将两电偶丝熔焊在一起。焊点处要生成一个小焊球，要求焊球光滑、圆整，不能发黑、起泡、歪斜。

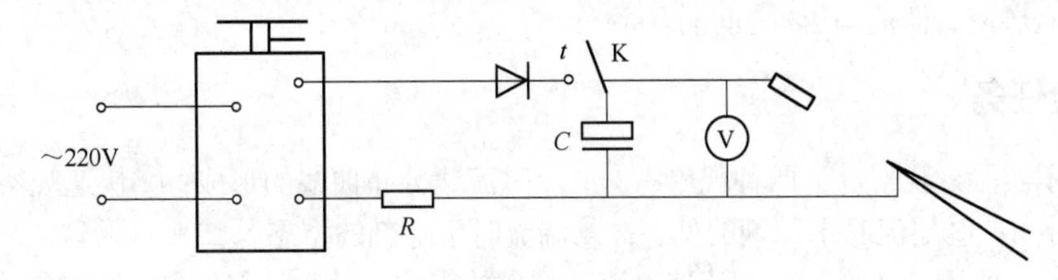

图 3-12　热电偶丝电弧焊接示意图

3. 热电偶的校验

将被校的几对热电偶与标准水银温度计拴在一起，尽量使它们接近，放在液浴（100℃以下用水浴，100℃以上用油浴）中升温。恒定后，用测温仪精确读出温度计数值。各对热电偶通过切换开关接至电压表（高精度），热电偶使用一个公共冷端，并置于冰水共存的保温瓶中，读取电压数值（mV）。每个校验点温度的读数多于 4 次，然后取热电偶的电压读数的平均值，画出热电偶分度表。根据电压数值便可在表中查出相应的温度值（℃）。

第四章

基础实验

实验一　雷诺实验

一、实验目的

1. 观察流体在管内流动的两种不同流动型态（流型），建立层流和湍流两种流动型态及其管路中流速分布的感性知识。

2. 确立层流、湍流与 Re 之间的联系。

二、实验任务

1. 演示实验，观察以下四种现象：①层流时流速分布曲线的形成；②快速观察湍流时管内的流速分布；③层流时示踪剂的型态；④湍流时示踪剂的型态。

2. 流量由小到大改变，观察流速对流动型态的影响，并与计算的雷诺数进行比较。

三、实验原理

流体流动有两种不同型态，即层流（或称滞流，laminar flow）和湍流（或称紊流，turbulent flow），这一现象最早是由雷诺（Reynolds）于 1883 年发现的。流体作层流流动时，其流体质点作平行于管轴的直线运动，且在径向无脉动；流体作湍流流动时，其流体质点除沿管轴方向作向前运动外，还在径向作脉动，从而在宏观上显示出紊乱地向各个方向作不规则的运动。

流体流动型态可用雷诺数（Re）来判断，这是一个由各影响变量组合而成的无量纲数群，故其值不会因采用不同的单位制而不同。但应当注意，数群中各物理量必须采用同一单位制。若流体在圆管内流动，则雷诺数可用下式表示

$$Re = \frac{du\rho}{\mu} \tag{4-1}$$

式中 Re——雷诺数，无量纲；

d ——管子内径，m；

u ——流体在管内的平均流速，$m \cdot s^{-1}$；

ρ ——流体密度，$kg \cdot m^{-3}$；

μ ——流体黏度，Pa·s。

工程上一般认为，流体在等径直圆管内流动，当 $Re \leqslant 2000$ 时为层流；当 $Re > 4000$ 时，圆管内流动型态为湍流；当 Re 在 2000 至 4000 范围内，流动处于一种过渡状态，可能是层流，也可能是湍流，或者是二者交替出现，这要视外界干扰而定，一般称这一 Re 数范围为过渡区。

式（4-1）表明，对于一定温度的流体，在特定的圆管内流动，雷诺数仅与流体流速有关。本实验即是通过改变流体在管内的速度，观察在不同雷诺数下流体的流动型态。

四、实验装置与流程

实验装置如图 4-1 所示，实验前先将水充满高位槽，关闭流量计调节阀。待水充满高位槽后，开启流量计调节阀。水流经高位槽、观测管和流量计后引至地沟。水流量的大小可由调节阀调节，在转子流量计读取。示踪剂采用蓝色墨水，它由墨水瓶经连接管和细孔喷嘴，通过注射针头注入观测管。细孔玻璃注射管（或注射针头）位于观测管入口的轴线部位。实验装置实物如图 4-2 所示。

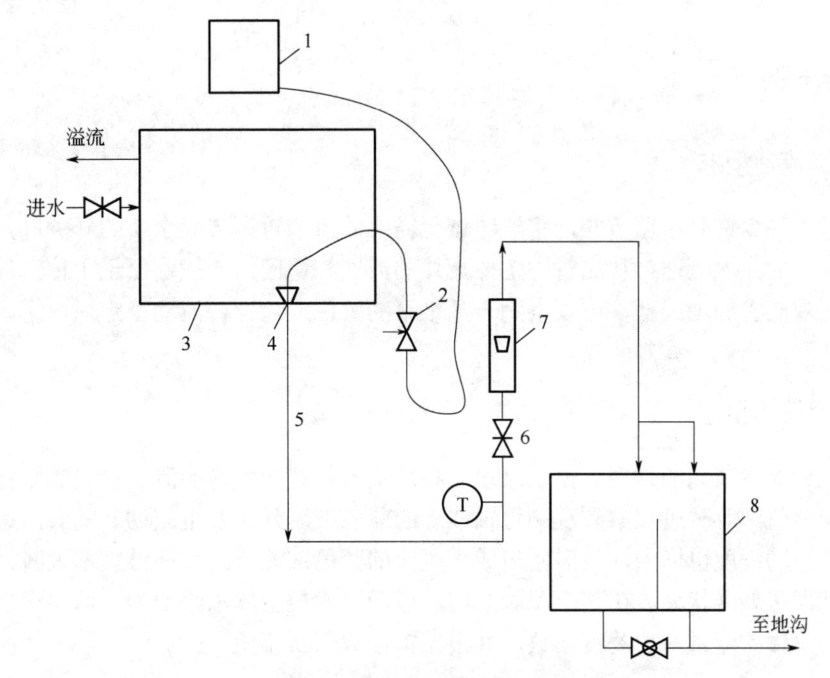

图 4-1　雷诺实验装置流程图

1—墨水瓶；2—进墨水开关阀；3—高位槽；4—注射针头；5—观测管；6—调节阀；

7—转子流量计；8—计量槽；T—温度计

注意：实验用的水应清洁，墨水的密度应与水相当，装置要放置平稳，避免震动，高位槽液位要稳定。

图 4-2　雷诺实验装置实物照片

五、实验步骤

1. 层流流动型态

实验时，先少许开启调节阀，将流速调至需要的值。再调节墨水瓶的开关阀，并作精细调节，使墨水的注入流速与观测管中主体流体的流速相适应，一般略低于主体流体的流速为宜。此时在观测管的轴线上，可观察到一条平直的蓝色细流。待流动稳定后，记录主体流体的流量，计算雷诺数，并判断流型。

2. 湍流流动型态

缓慢地加大调节阀的开度，使水流量平稳地增大，观测管内的流速也随之平稳地增大，记录相应流量值。此时可观察到观测管轴线上的蓝色细流开始发生波动。随着流速的增大，蓝色细流的波动程度也增大，最后断裂成一段段的蓝色细流。当流速继续增大时，墨水进入观测管后立即呈烟雾状分散在整个观测管内，进而迅速与主体水流混为一体。记录观察到的现象及主体流体的流量，计算雷诺数，并根据雷诺数判断流型。

六、实验数据记录

实验日期：________　实验人员：________　装置号：________

1. 基本数据

实验介质：水。水温：______。观察管内径：_______。

2. 操作记录

分别将雷诺实验原始数据和处理数据列于表 4-1 和表 4-2 中。

表 4-1 雷诺实验原始数据（流型观察）记录表

序号	流量 Q / (L · h^{-1})	实际观察到的流型
1		
2		
3		
4		
5		
6		

表 4-2 雷诺实验数据处理表

序号	流量 Q / (L · h^{-1})	流速 u / (m · s^{-1})	雷诺数 Re	实际观察到的流型	Re 判断的流型
1					
2					
3					
4					
5					
6					

七、思考题

1. 影响流体流动型态的因素有哪些？

2. 有人说可以只用流速来判断管中流体的流动型态，流速低于某一具体数值时是层流，否则是湍流，这种看法是否正确？在什么条件下可以由流速的数值来判断流动型态？

3. 如果观察到的流动型态与根据 Re 判断的不一致，试分析原因。

4. 如果管子不是透明的，不能直接观察判断管中的流体流动型态，你认为可以用什么办法来判断？

5. 简述转子流量计的测量原理。

单元操作中的化工发展史

雷诺对流体力学的贡献：雷诺是英国力学家、物理学家，他在流体力学中最主要的贡献是发现了流动的相似规律。他在 1883 年发表的一篇论文《决定水流为直线或曲线运动的条件以及在平行水槽中的阻力定律的探讨》中说明，水流分为层流与湍流两种流动型态，为了判别两种流动型态，他引入了表征流动中流体流动型态的一个无量纲数，即雷诺数。

普朗特及边界层理论：1904 年，普朗特在海德堡国际数学大会上宣读关于边界层的论文《论黏性很小的流体的运动》，提出边界层分离理论，把理论和实验结合起来，奠定了现代流体力学的基础。

实验二　流体机械能转化实验

一、实验目的

1. 观测动压头、静压头、位压头随管径、位置、流量的变化情况，验证连续性方程和伯努利方程。

2. 考察流体流经收缩管段、扩大管段时，流体流速与管径的关系。

3. 考察流体流经直管段时，流体阻力与流量的关系。

4. 定性观察流体流经节流件、弯头的压损情况。

二、实验任务

1. 测量不同流速下各测压管压头的变化，并作分析比较。

2. 依据毕托管测速计测速原理计算管中心的流速。

三、实验原理

流体流动在化工生产中随处可见，运动中的流体仍然遵守质量守恒定律和机械能守恒定律，这是研究流体力学的基本出发点。

1. 连续性方程

流体在管内稳定流动时的质量守恒形式表现为如下的连续性方程

$$\rho_1 \iint_1 v\mathrm{d}A = \rho_2 \iint_2 v\mathrm{d}A \tag{4-2}$$

根据平均流速的定义，有

$$\rho_1 u_1 A_1 = \rho_2 u_2 A_2 \tag{4-3}$$

即

$$q_{m1} = q_{m2} \tag{4-4}$$

而对均质、不可压缩流体，$\rho_1 = \rho_2 =$ 常数，则式（4-3）变为

$$u_1 A_1 = u_2 A_2 \tag{4-5}$$

对均质、不可压缩流体，平均流速与流通截面积成反比，即流通截面积越大，流速越小；反之，流通截面积越小，流速越大。

对圆管，$A = \pi d^2/4$，d 为直径，于是式（4-5）可转化为

$$u_1 d_1^2 = u_2 d_2^2 \tag{4-6}$$

2. 机械能衡算方程

运动中的流体除了遵循质量守恒定律以外，还应满足能量守恒定律。依此，在工程上可进一步得到十分重要的机械能衡算方程。

均质、不可压缩流体在管路内稳定流动时，其机械能衡算方程（以单位质量流体为

基准）为

$$z_1+\frac{u_1^2}{2g}+\frac{p_1}{\rho g}+H_e=z_2+\frac{u_2^2}{2g}+\frac{p_2}{\rho g}+H_f \tag{4-7}$$

上式中各项均具有高度的量纲。z 称为位压头，$u^2/2g$ 称为动压头（速度头），$p/\rho g$ 称为静压头（压力头），H_e 称为外加压头，H_f 称为压头损失。实际流体的流动过程要考虑 H_f。

关于上述机械能衡算方程的讨论：

（1）理想流体的伯努利方程

无黏性的即没有黏性摩擦损失的流体称为理想流体。即理想流体的 $H_f=0$，若此时无外加功加入，则机械能衡算方程变为

$$z_1+\frac{u_1^2}{2g}+\frac{p_1}{\rho g}=z_2+\frac{u_2^2}{2g}+\frac{p_2}{\rho g} \tag{4-8}$$

式（4-8）为理想流体的伯努利方程。该式表明，理想流体在流动过程中，总机械能保持不变。

（2）流体静力学方程

此时 $u=0$、$H_e=0$、$H_f=0$，于是机械能衡算方程变为

$$z_1+\frac{p_1}{\rho g}=z_2+\frac{p_2}{\rho g} \tag{4-9}$$

式（4-9）即为流体静力学方程，可见流体静止状态是流体流动的一种特殊形式。

四、实验装置与流程

实验装置流程如图 4-3 所示。该装置为有机玻璃材料制作的管路系统。通过泵使流体在

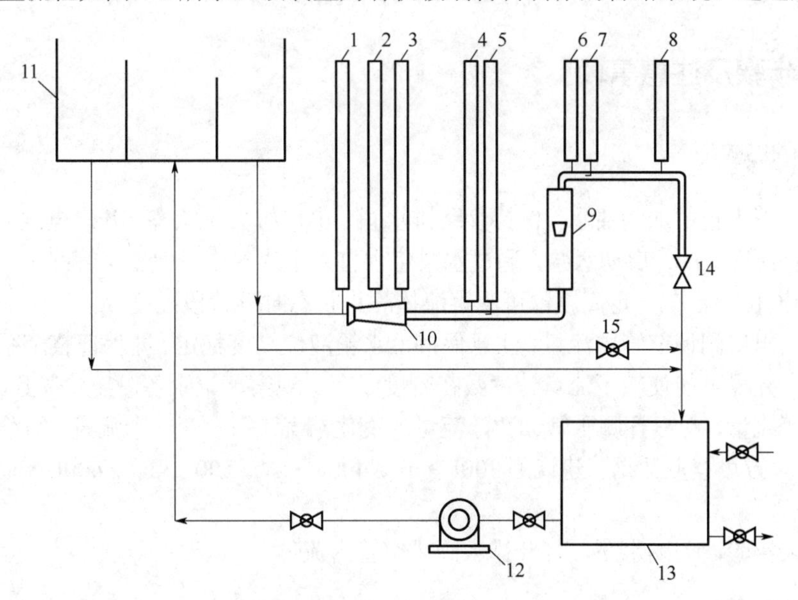

图 4-3　机械能转化实验流程图

1～8—测压管；9—转子流量计；10—文丘里管；11—上水箱；12—水泵；13—下水箱；14—进口阀；15—排水阀

系统中循环流动。管路内径为20mm，节流件变截面处管内径为10mm。测压管1和2可用于验证变截面时静压头与动压头间的转换；测压管1和3可用于比较流体经节流件后的压头损失；测压管4和6可用于比较流体经弯头和流量计后的压头损失及位能变化情况；测压管4和5配合使用，用于测定5处的中心点速度；测压管6、7、8可用于验证直管段雷诺数与流体阻力系数的关系；测压管6与7配合使用，用于测定7处的中心点速度。实验装置实物图如图4-4所示。

图4-4　机械能转化实验装置实物照片

五、实验步骤及注意事项

1. 实验步骤

① 先在下水箱中加满清水，保持管路排水阀、出口阀关闭状态。开启电源，打开水泵进出口阀（通常已打开）。启动水泵，通过水泵将水打入上水箱中，使整个管路中充满流体，并保持上水箱液位稳定在一定高度，可观察流体静止状态时各管段高度。

② 通过出口阀调节管内流量，注意保持上水箱液位高度稳定（即保证整个系统处于稳定流动状态），并尽可能使转子流量计读数在刻度线上。观察、记录各测压管读数和流量值。

③ 改变流量，观察各测压管读数随流量的变化情况。每改变一个流量，需给予系统一定的稳流时间，方可读取数据。建议测300L·h^{-1}、400L·h^{-1}、500L·h^{-1}、600L·h^{-1}、700L·h^{-1}五个实验点。

④ 结束实验，关闭水泵，打开排水阀排空管内流体。

2. 注意事项

① 若不是长期使用该装置，对下水箱内液体也应做排空处理，防止沉积尘土，堵塞测压管。

② 每次实验开始前，需先清洗整个管路系统，即先使管内流体流动数分钟，检查阀门、管段有无堵塞或漏水情况。

六、实验数据记录

实验日期：________ 实验人员：________ 装置号：________

1. 基本数据

实验介质：水；温度：_____ ；直管内径：_______；文丘里管缩脉处管径：_______；1～5 测压管与 6～8 测压管的高度差：_______。

2. 操作记录

将机械能转化实验原始数据列于表 4-3 中。

表 4-3 机械能转化实验原始数据记录表

流量/($L \cdot h^{-1}$)	液柱高度/mm							
	h_1	h_2	h_3	h_4	h_5	h_6	h_7	h_8

七、思考题

1. 关闭出口阀和排水阀，打开水泵至上水箱液面稳定，各测压管液位高度如何变化？这一现象说明什么？这一高度的物理意义是什么？

2. 随着流量增大，各测压管计数如何变化？为什么？

3. 试分析 h_1 和 h_2、h_1 和 h_3 的差别。

4. 试分析 h_4 和 h_6 的差别。

5. 试分析 h_6、h_7 和 h_8 的差别。

6. 试分析 h_4 和 h_5 的差别，计算点 7 的平均流速和点速度，并对平均流速和点速度的比值进行分析。

单元操作中的化工发展史

丹尼尔·伯努利对流体力学的贡献：丹尼尔·伯努利是瑞士物理学家、巴黎科学院院士、英国皇家学会会员。他在《流体动力学》一书中用能量守恒定律解决流体的流动问题，提出了流体动力学的基本方程，即著名的“伯努利方程”，阐明了“流速增加、压强降低”的原理。

钱学森对空气动力学的贡献：钱学森长期担任中国火箭和航天计划的技术领导人，

对空气动力学、航天技术做出了开拓性的贡献。他与冯·卡门合作进行的可压缩边界层的研究，揭示了这一领域的一些温度变化情况，创立了卡门-钱学森方法。与郭永怀合作最早在跨声速流动问题中引入上下临界马赫数的概念。他在20世纪40年代提出并设计了火箭助推起飞装置，使飞机跑道距离缩短；在1949年提出了火箭旅客飞机概念和关于核火箭的设想；在1953年研究了行星际飞行理论的可能性；在1962年提出了用一架装有喷气发动机的大飞机作为第一级运载工具，用一架装有火箭发动机的飞机作为第二级运载工具的天地往返运输系统概念。

实验三　流体流动阻力测定实验

一、实验目的

1. 学习管路阻力损失（W_f）、管路摩擦系数（λ）、管件局部阻力系数（ξ）的测量，掌握测定流体流经直管、管件和阀门时阻力损失的一般实验方法，并通过实验了解它们的变化规律，巩固对流体阻力基本理论的认知。

2. 学会用双对数坐标作图。

3. 了解压力（压差）测量的方法和原理；熟悉压差变送器的原理和操作方法；学会U形压差计、倒U形压差计和电磁流量计的使用方法。

4. 辨识组成管路的各种管件、阀门，并了解其作用。

二、实验任务

1．测定光滑管摩擦系数λ与雷诺数Re的关系。

2．测定流体流经阀门（不同开度）时的局部阻力系数ξ。

3．测定粗糙管摩擦系数λ与雷诺数Re的关系。

4．测定异形直管摩擦系数λ与雷诺数Re的关系。

结合离心泵性能测定实验，建议实验任务1、2必做，实验任务3、4二选一。

三、实验原理

流体通过由直管、阀门等组成的管路系统时，由于黏性剪应力和涡流应力的存在，要损失一定的机械能。流体流经直管时所造成的机械能损失称为直管阻力损失。流体通过管件、阀门时因流体运动方向和速度大小改变所引起的机械能损失称为局部阻力损失。

1. 直管阻力摩擦系数λ的测定

流体在水平等径直管中稳定流动时，阻力损失为

$$W_f=\frac{\Delta p_f}{\rho}=\frac{p_1-p_2}{\rho}=\lambda\frac{l}{d}\frac{u^2}{2} \tag{4-10}$$

即
$$\lambda=\frac{2d\Delta p_{\mathrm{f}}}{\rho l u^{2}} \tag{4-11}$$

式中 λ——摩擦系数，无量纲；

d——直管内径，m；

Δp_{f}——流体流经 l 米直管的压力降，Pa；

W_{f}——单位质量流体流经 l 米直管的机械能损失，$\mathrm{J \cdot kg^{-1}}$；

ρ——流体密度，$\mathrm{kg \cdot m^{-3}}$；

l——直管长度，m；

u——流体在管内流动的平均流速，$\mathrm{m \cdot s^{-1}}$。

层流时

$$\lambda=\frac{64}{Re} \tag{4-12}$$

式中，Re 为雷诺数，无量纲。

湍流时 λ 是雷诺数 Re 和相对粗糙度（ε/d）的函数，须由实验确定。

由式（4-11）、式（4-12）可知，欲测定 λ，需确定 l、d，测定 Δp_{f}、u、ρ、μ 等参数。l、d 为装置参数，ρ、μ 通过测定流体温度，再查有关手册而得，或通过密度计、黏度计直接测量而得，u 通过测定流体流量，再由管径计算得到。

本实验采用电磁流量计测量流量，记为 V，$\mathrm{m^{3} \cdot h^{-1}}$。

$$u=\frac{V}{900\pi d^{2}} \tag{4-13}$$

Δp_{f} 可用U形管、倒U形管、测压直管等液柱压差计测定，或采用压差变送器和二次仪表显示。

（1）当采用倒U形管液柱压差计时

$$\Delta p_{\mathrm{f}}=\rho g R \tag{4-14}$$

式中 R——水柱高度，m；

g——重力加速度，$9.81\mathrm{m \cdot s^{-2}}$。

（2）当采用U形管液柱压差计时

$$\Delta p_{\mathrm{f}}=(\rho_{0}-\rho) g R \tag{4-15}$$

式中 R——液柱高度，m；

ρ_{0}——指示液密度，$\mathrm{kg \cdot m^{-3}}$。

根据实验装置参数 l 和 d、指示液密度 ρ_{0}、流体温度 T_{0}（查流体物性 ρ、μ）、流量 V、液柱压差计的读数 R，通过式（4-13）、式（4-14）或式（4-15）、式（4-12）和式（4-11）求取 Re 和 λ，再将 Re 和 λ 标绘在双对数坐标图上。

2. 局部阻力系数 ξ 的测定

局部阻力损失通常有两种表示方法，即当量长度法和阻力系数法。

（1）当量长度法

流体流过某管件或阀门时造成的机械能损失看作与某一长度为l_e的等径管道所产生的机械能损失相当，此折合的管道长度称为当量长度，用符号l_e表示。这样即可用直管阻力的公式来计算局部阻力损失，而且在管路计算时可将管路中的直管长度与管件、阀门的当量长度合并在一起计算，则流体在管路中流动时的总机械能损失$\sum W_f$为

$$\sum W_f = \lambda \frac{l + \sum l_e}{d} \frac{u^2}{2} \tag{4-16}$$

（2）阻力系数法

流体通过某一管件或阀门时的机械能损失表示为流体在小管径内流动时平均动能的某一倍数，局部阻力的这种计算方法，称为阻力系数法。即

$$W_f' = \frac{\Delta p_f'}{\rho} = \xi \frac{u^2}{2} \tag{4-17}$$

故

$$\xi = \frac{2\Delta p_f'}{\rho u^2} \tag{4-18}$$

式中　ξ——局部阻力系数，无量纲；

$\Delta p_f'$——局部阻力压降，Pa（本装置中，所测得的压降应扣除两测压口间直管段的压降，直管段的压降由直管阻力实验结果求取）；

ρ——流体密度，$kg \cdot m^{-3}$；

u——流体在小截面管中的平均流速，$m \cdot s^{-1}$。

待测的管件和阀门现场指定。本实验采用阻力系数法表示管件或阀门的局部阻力损失。根据连接管件或阀门两端管径中小管的直径d、指示液密度ρ_0、流体温度T_0（查流体物性ρ、μ）、流量V、液柱压差计的读数R，通过式（4-13）、式（4-14）或式（4-15）、式（4-18）求取管件或阀门的局部阻力系数。

四、实验装置与流程

1. 实验流程

实验装置流程如图4-5所示，实验装置由循环水箱、离心泵、不同材质的直管、各种弯头、阀门、电磁流量计、倒U形压差计、压差变送器等组成。管路部分有五段并联的水平直管，分别用于测定局部阻力系数、异形直管摩擦系数、光滑管摩擦系数、粗糙管摩擦系数和层流管摩擦系数。实验装置实物照片如图4-6所示。

测光滑管、粗糙管、局部阻力管和异形直管时，循环水箱内的水经离心泵输送后，首先通过管线上的电磁流量计测量流量，再流过被测管段，经压差变送器测量压降后，水再返回到循环水箱。

测层流管摩擦系数时，水经离心泵输送后进入高位槽，多余部分溢流返回循环水箱，高位槽内的水进入被测管段。利用倒U形压差计测量层流管压降，计量罐计量层流管流量。

2. 管路规格

实验管路规格见表4-4。

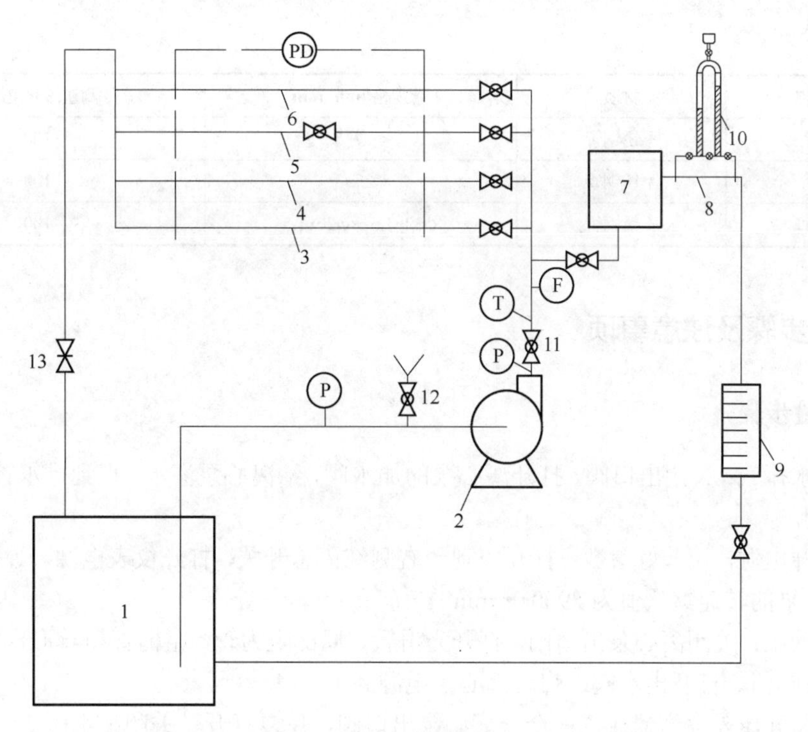

图 4-5 流体流动阻力及离心泵性能测定实验装置流程图

1—循环水箱；2—离心泵；3—异形直管；4—粗糙管；5—局部阻力管；6—光滑管；7—高位槽；8—层流管；9—计量罐；10—倒 U 形压差计；11—出口阀；12—加水阀；13—出水阀；T—温度计；P—压力表；F—电磁流量计；PD—压差变送器

图 4-6 流体流动阻力测定实验装置实物照片

表 4-4 实验管路规格

管路名称	材质	管规格/mm×mm	测量段长度/cm
层流管	不锈钢管	$\Phi10\times1$	100
局部阻力管	不锈钢管	$\Phi27\times3$	100

续表

管路名称	材质	管规格/mm×mm	测量段长度/cm
光滑管	不锈钢管	$\Phi27\times3$	100
粗糙管	不锈钢管	$\Phi27\times3$	100
异形直管	不锈钢管	$\Phi32\times1.5$～$\Phi20\times1.5$	100

五、实验步骤及注意事项

1. 实验步骤

① 灌水排气：关闭出口阀，打开离心泵的加水阀，给离心泵灌水，直到排水管有水排出，关闭加水阀。

② 打开电源，调节好参数：打开控制台右侧红色总开关，打开仪表电源，等待仪表自检完成。离心泵的转速默认值为2900r • min^{-1}。

③ 启动泵：关闭离心泵出口阀，打开光滑管、局部阻力管、粗糙管和异形直管这4条管路上的所有阀门，打开出水阀；启动离心泵电源。

④ 管路和压差变送器排气：全开离心泵出口阀，反复打开、关闭出水阀2～3次，排出管路气体，排完气后关闭出水阀，打开压差变送器上的排气阀，直至排水管中无气泡产生再关闭压差变送器上的排气阀。

⑤ 选定管路：打开出水阀至全开状态，先选定光滑管管路，打开光滑管管路的阀门，关闭其他管路上的所有阀门。

⑥ 开始测试：调节离心泵出口阀开度改变流量（建议由大到小），待流量稳定后记录相关数据如流量、压降等参数。

注意：当显示仪表中的“管阻小压差”有读数显示时，记录“管阻小压差”数据，无显示则记录“管阻大压差”显示数据。

⑦ 依次更换其他管路如粗糙管等，重复步骤⑥。

建议：如测直管的摩擦系数，数据可取 8～10 组，如测局部阻力系数，测试 3～5 组即可。

⑧ 实验完成后，关闭离心泵电源、仪表电源以及电源总开关。

2. 注意事项

① 转速设定详细操作步骤：点“数显”旁边的“小电脑”图标，点击“PID 控制”进入设定界面，点“MV”，在弹出的对话框里选“手动”，然后再选定“MV”值，建议设定值MV在70%～90%之间，MV值为91.2%时大约对应转速为2700r • min^{-1}，设置完成，点“数显”旁边的“小电脑”图标，再点击“数显”，回到主界面。

② 一般每次实验前，均需对泵进行灌泵操作，以防止离心泵气缚。同时注意定期对泵进行保养，防止叶轮被固体颗粒损坏。

③ 泵运转过程中，勿触碰泵主轴部分，因其高速转动，可能会缠绕并伤害身体接触部位。

④ 不要在出口阀关闭状态下长时间使泵运转，一般不超过三分钟，否则泵体内液体温度

升高，易使泵损坏。

六、实验数据记录

实验日期：________ 实验人员：________ 装置号：________

1. 直管摩擦系数测定

直管类型：________；管径：________；管长：________；温度：____________。

分别将管道阻力实验和阀门阻力实验数据列于表 4-5 和表 4-6 中。

表 4-5 管道阻力实验数据记录表

次数	直管压差/kPa	流量/（$m^3 \cdot h^{-1}$）	转速/（$r \cdot min^{-1}$）
1			
2			
3			
4			
5			
6			

2. 阀门局部阻力系数测定

表 4-6 阀门阻力实验数据记录表

项目	阀门开度/（°）（0° 为全关，90° 为全开）				
	20	40	60	80	90
流量/（$m^3 \cdot h^{-1}$）					
压差/kPa					
ξ 值					

七、实验数据处理

1. 根据光滑（粗糙）管实验结果，在双对数坐标纸上标绘出 $\lambda \sim Re$ 曲线。
2. 根据光滑管实验结果，对照柏拉修斯方程，计算其误差。
3. 根据局部阻力实验结果，求出阀门不同开度时的 ξ 值。
4. 对照化工原理教材中有关曲线图，估算出粗糙管的相对粗糙度和绝对粗糙度。

八、思考题

1. 如何检测管路中的空气已经被排除干净？
2. 以水做介质所测得的 $\lambda \sim Re$ 关系能否适用于其他流体？
3. 在不同设备上（包括不同管径），不同水温下测定的 $\lambda \sim Re$ 数据能否关联在同一条曲线上？

4. 如果测压口、孔边缘有毛刺或安装不垂直，对静压的测量有何影响？

5. 本实验是测定等直径水平管的流动阻力，若将水平管改为流体自下而上流动的垂直管，从测量两测压点的压差到 W_f 的计算过程和公式是否与水平管完全相同？为什么？

6. 结合本实验，说明量纲分析法在处理工程问题时的优点和局限性。

单元操作中的化工发展史

陆士嘉对空气动力学的贡献：陆士嘉是我国著名流体力学家，是普朗特唯一的中国学生。她是北京航空航天大学的筹建者之一，创办了中国第一个空气动力学专业。她志存高远、自强不息，“学科学，用科学造福国家，当中国的居里夫人”是她的远大目标，倡导旋涡、分离流和湍流结构的研究，为祖国的航空航天事业作出了突出贡献。

郭永怀对空气动力学的贡献：郭永怀是我国近代力学事业的奠基人之一，著名力学家、应用数学家，长期从事航空工程研究。发现了上临界马赫数，发展了奇异摄动理论中的变形坐标法，即国际上公认的 PLK 方法。1957 年，郭永怀在《现代空气动力学问题》的报告中，指出高超声速空气动力学应该是我国随后一个时期的重点研究方向。他和钱学森极力倡导在国内开展高速与超高速空气动力学、电磁流体力学和爆炸力学等新兴学科的研究，并组织了高超声速讨论班，培养了大批优秀人才，为发展我国的导弹与核弹事业作出了重要贡献。郭永怀顾全大局、忠诚于党的政治品格，以及报效祖国、献身科研的爱国情怀值得弘扬。

实验四　离心泵性能测定实验

一、实验目的

1. 掌握离心泵的结构与特性，熟悉离心泵的工作原理和操作流程。

2. 学习离心泵特性曲线的测定方法，测定恒定转速条件下泵的扬程（H）、轴功率（N）、效率（η）与泵的流量（Q）之间的关系。

3. 熟悉温度、压力、电功率、流量和转速等远传显示仪表及传感检测设备，掌握电磁流量计的测量原理及使用方法。

二、实验任务

1. 结合实验三数据，选择 2～3 个转速，测定离心泵在恒定转速下扬程（H）、轴功率（N）、效率（η）与泵的流量（Q）之间的特性曲线。

2. 学习离心泵的结构。

三、实验原理

离心泵是输送液体的常用机械。在选用一台离心泵时，既要有满足一定工艺要求的流量、压头，还要使泵在较高的效率下工作。要正确选择和使用离心泵，就必须掌握离心泵送液能力（Q）变化时，泵的扬程（H）、轴功率（N）、效率（η）的变化规律，即离心泵在一定转速下的特性曲线：①扬程-流量曲线（$H \sim Q$ 曲线）；②功率-流量曲线（$N \sim Q$ 曲线）；③效率-流量曲线（$\eta \sim Q$ 曲线）。

根据 $H \sim Q$ 曲线，可以预测在一定的管路系统中，这台离心泵的实际送液能力有多大，能否满足需要；根据 $N \sim Q$ 曲线，可以预测这种类型的离心泵在某一送液能力下运行时，要消耗多少能量，由此可以配置一台大小合适的动力设备；根据 $\eta \sim Q$ 曲线，可以预测这台离心泵在某一送液能力下运行时效率的高低，使离心泵能够在适宜的条件下运行，以发挥其最佳的运行效率。

由于泵内部流动情况复杂，不能用理论方法推导出泵的特性曲线，只能依靠实验测定。

1. 扬程 H 的测量

取离心泵进口真空表和出口压力表处为 1、2 两截面，列机械能衡算方程

$$z_1 + \frac{p_1}{\rho g} + \frac{u_1^2}{2g} + H = z_2 + \frac{p_2}{\rho g} + \frac{u_2^2}{2g} + H_f \tag{4-19}$$

由于两截面间的管长较短，通常可忽略阻力项 H_f，速度平方差也很小故可忽略，则有

$$H = \left(z_2 - z_1\right) + \frac{p_2 - p_1}{\rho g} = H_0 + H_1\left(\text{表值}\right) + H_2 \tag{4-20}$$

式中 H_0 ——泵出口和进口间的位差，$H_0 = z_2 - z_1$，m，此处为 0.23m；

ρ ——流体密度，$kg \cdot m^{-3}$；

g ——重力加速度，$9.81 m \cdot s^{-2}$；

p_1、p_2 ——分别为泵进、出口的表压，Pa；

H_1、H_2 ——分别为泵进、出口的表压对应的压头（表值），m；

u_1、u_2 ——分别为泵进、出口的流速，$m \cdot s^{-1}$；

z_1、z_2 ——分别为真空表、压力表的安装高度，m。

由上式可知，只要直接读出真空表和压力表上的数值，及两表的安装高度差，就可计算出泵的扬程。

2. 轴功率 N 的测量

$$N = N_{\text{电}} k \tag{4-21}$$

式中 $N_{\text{电}}$ ——电功率表显示值；

k ——电机传动效率，可取 k=0.95。

3. 效率 η 的计算

泵的效率 η 是泵的有效功率 N_e 与轴功率 N 的比值。有效功率 N_e 是单位时间内流体经过泵时所获得的实际功率，轴功率 N 是单位时间内泵轴从电机得到的功，两者的差异反映了水力损失、容积损失和机械损失的大小。

泵的有效功率 N_e 可用下式计算

$$N_e = HQ\rho g \tag{4-22}$$

故泵效率为

$$\eta = \frac{HQ\rho g}{N} \times 100\% \tag{4-23}$$

4. 转速改变时的换算

泵的特性曲线是在恒定转速下实验测定所得。但是实际上感应电动机在转矩改变时，其转速会有变化，因此随着流量 Q 的变化，多个实验点的转速 n 将有所差异，因此在绘制特性曲线之前，须将实测数据换算为某一转速 n'下（可取离心泵的额定转速 2900r·min^{-1}）的数据。换算关系如下：

流量

$$Q' = Q\frac{n'}{n} \tag{4-24}$$

扬程

$$H' = H\left(\frac{n'}{n}\right)^2 \tag{4-25}$$

轴功率

$$N' = N\left(\frac{n'}{n}\right)^3 \tag{4-26}$$

效率

$$\eta' = \frac{Q'H'\rho g}{N'} = \frac{QH\rho g}{N} = \eta \tag{4-27}$$

四、实验装置与流程

离心泵特性曲线测定装置、流程均与流体流动阻力测定实验相同（实验三）。

五、实验步骤及注意事项

本实验操作步骤同实验三，取光滑管测离心泵特性曲线。实验数据可与实验三同步测取。

六、实验数据记录

实验日期：________ 实验人员：________ 装置号：________

1. 离心泵特性曲线测定原始数据

将离心泵性能测定实验原始数据列于表 4-7 中。

表 4-7 离心泵特性曲线原始数据记录表

序号	进口压力/MPa	出口压力/MPa	流量 Q/（m^3·h^{-1}）	电机功率/kW	转速/（r·min^{-1}）
1					
2					
3					
4					
5					
6					

2. 离心泵的特征参数

将离心泵的特征参数计算结果列于表 4-8 中。

表 4-8　离心泵的特征参数

序号	流量 Q/（$m^3 \cdot h^{-1}$）	扬程 H/m	轴功率 N/kW	有效功率 N_e/kW	泵效率 η/%
1					
2					
3					
4					
5					
6					

七、实验数据处理

1. 分别绘制一定转速下的 $H \sim Q$、$N \sim Q$、$\eta \sim Q$ 曲线。
2. 分析实验结果，判断泵最为适宜的工作范围。

八、思考题

1. 离心泵在启动时为什么要关闭出口阀门？
2. 启动离心泵之前为什么要引水灌泵？如果灌泵后泵依然抽不上水，你认为可能的原因是什么？
3. 为什么用离心泵的出口阀门调节流量？这种方法有什么优缺点？是否还有其他方法调节流量？其优缺点又是什么？往复泵的流量是否也可采用同样的方法来调节？为什么？
4. 随着离心泵出口阀开度的增大，入口处真空表读数和出口处压力表读数如何变化？为什么？
5. 正常工作的离心泵，在其进口管路上安装阀门是否合理？为什么？
6. 简述气蚀现象及其危害。

单元操作中的化工发展史

童秉纲对空气动力学的贡献：童秉纲是我国著名的流体力学家。他在非定常空气动力学领域，结合国家航天工程的需要率先开拓和发展了一套从低速到高超声速的动导数计算方法，提出了模拟鱼类运动的三维波动板理论，对鱼类形态与流体相适应的内在机制做出了流体力学解释，为可压缩性旋涡流动结构、二维旋涡方法等领域的研究作出了重要贡献。

中国泵业的发展：2005 年后随着我国经济进入高速增长期，房地产、工业、外贸都获得了高速发展，也促使中国泵行业进入了辉煌发展的十五年。一部分国有泵公司通过体制、机制改革成为中国泵业骨干力量。部分民营泵公司也通过自我积累，产品开发能力和制造能力获得快速提升，公司数量成几何级数增加，也成为了中国泵业的重要力量。

更为可喜的是全球泵业十强等一大批公司在中国投资开设工厂，成为中国泵制造的一部分。他们不仅给中国泵业带来了高端的产品，还带来了新技术、新的管理思想，促进了中国泵产业与技术进步。据国家统计局统计，现今的中国泵业中，年销售收入超过 2000 万元的公司有 1000 多家，年营业收入超过 2000 亿元，年产泵超过 1 亿台。十五年来，中国泵业实现了高速发展，中国已经是世界泵制造的第一大国，超过了美国，在世界泵制造业中发出越来越多的“中国声音”。

实验五　恒压过滤实验

一、实验目的

1. 熟悉板框压滤机的构造和操作方法。
2. 通过恒压过滤实验，验证过滤基本理论。
3. 学会测定过滤常数 K、q_e、t_e 及压缩性指数 s 的方法。
4. 了解过滤压力对过滤速率的影响。

二、实验任务

1. 测定过滤常数 K、q_e、t_e 及压缩性指数 s。
2. 了解过滤压力对过滤速率的影响。

三、实验原理

过滤是以某种多孔物质为介质来处理悬浮液以达到固、液分离的一种操作过程，即在外力的作用下，悬浮液中的液体通过固体颗粒层（即滤饼层）及多孔介质的孔道而固体颗粒被截留下来形成滤饼层，从而实现固、液分离。因此，过滤操作本质上是流体通过固体颗粒层的流动，而这个固体颗粒层（滤饼层）的厚度随着过滤的进行而不断增加，故在恒压过滤操作中，过滤速度不断降低。

过滤速度 u 定义为单位时间单位过滤面积内通过过滤介质的滤液量。影响过滤速度的主要因素除过滤推动力（压强差）Δp、滤饼厚度 L 外，还有滤饼和悬浮液的性质、悬浮液温度、过滤介质的阻力等。

过滤时滤液流过滤饼和过滤介质的流动过程基本上处在层流流动范围内，因此可利用流体通过固定床压降的简化模型，探究滤液量与时间的关系，可得过滤速度计算式

$$u=\frac{\mathrm{d}V}{A\mathrm{d}t}=\frac{A\Delta p^{(1-s)}}{\mu rv(V+V_e)} \tag{4-28}$$

式中　u——过滤速度，$m \cdot s^{-1}$；

V——滤液量，m^3；

A——过滤面积，m^2；

t ——过滤时间，s；

Δp ——过滤压力（表压），Pa；

s ——滤饼压缩性指数；

μ ——滤液的黏度，Pa·s；

r ——滤饼比阻，m^{-2}；

v ——单位体积滤液对应的滤饼体积；

V_e ——过滤介质的当量滤液体积，m^3。

对于一定的悬浮液，在恒温和恒压下过滤时，μ、r、v 和 Δp 恒定，令

$$K=\frac{2\Delta p^{(1-s)}}{\mu r v} \tag{4-29}$$

则式（4-28）可改写为

$$\frac{dV}{dt}=\frac{KA^2}{2(V+V_e)} \tag{4-30}$$

式中 K——过滤常数，由物料特性及过滤压差所决定，$m^2 \cdot s^{-1}$。

将式（4-30）分离变量积分，整理得

$$\int_{V_e}^{V_e+V}(V+V_e)d(V+V_e)=\frac{KA^2}{2}\int_0^t dt \tag{4-31}$$

即

$$V^2+2VV_e=KA^2t \tag{4-32}$$

将式（4-31）的积分极限改为从 0 到 V_e 和从 0 到 t_e 积分，则

$$V_e^2=KA^2t_e \tag{4-33}$$

令 $q=V/A$，$q_e=V_e/A$，则式（4-32）、式（4-33）可写为

$$q^2+2qq_e=Kt \tag{4-34}$$

$$q_e^2=Kt_e \tag{4-35}$$

将式（4-34）两侧同除以 Kq 得

$$\frac{t}{q}=\frac{1}{K}q+\frac{2}{K}q_e \tag{4-36}$$

作关于 $t/q \sim q$ 的直线，则该直线的斜率为 $1/K$，截距为 $2q_e/K$，因此可由直线斜率和截距得 K 和 q_e。

由式（4-35）可计算得 $t_e=\frac{q_e^2}{K}$。

改变过滤压差 Δp，可测得不同的 K 值，由 K 的定义式（4-29）两边取对数得

$$\lg K=(1-s)\lg(\Delta p)+B \tag{4-37}$$

在实验压差范围内，若 B 为常数，则 $\lg K \sim \lg(\Delta p)$ 的关系在直角坐标上应是一条直线，斜率为（1-s），可得滤饼压缩性指数 s。

四、实验装置与流程

本实验装置由压缩机、配料罐、压力罐、板框压滤机等组成，其流程图如图 4-7 所示。$CaCO_3$ 的悬浮液在配料罐内配制成一定浓度的滤浆后，利用压差送入压力罐中，用压缩空气加以搅拌使 $CaCO_3$ 不致沉降，同时利用压缩机将滤浆送入板框压滤机过滤，滤液流到电子天平处称量，压缩空气从压力罐上放空阀排出。实验装置实物图如图 4-8 所示。

板框压滤机的结构尺寸：框厚度 20mm，截面积 $0.0177m^2$，框数 2 个。

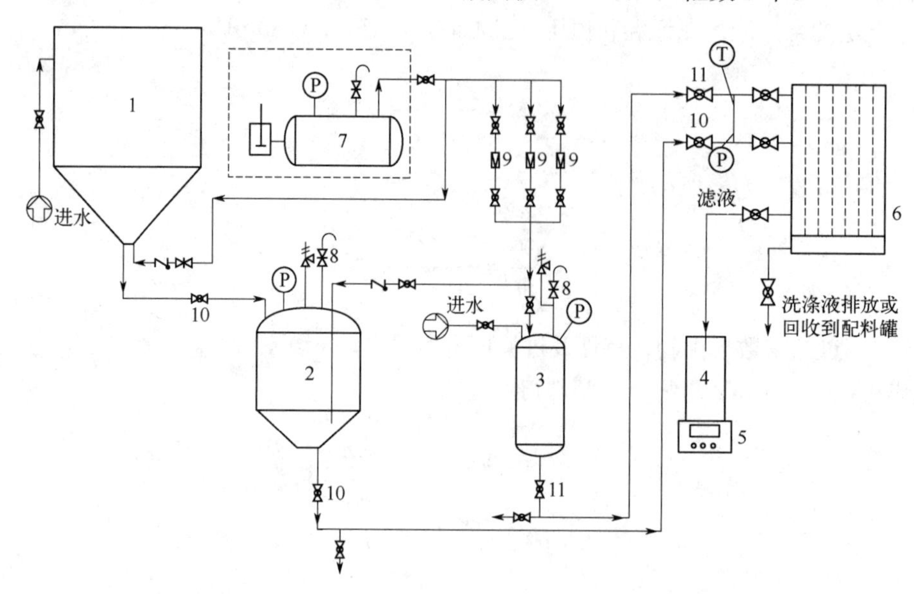

图 4-7　恒压过滤实验装置流程图

1—配料罐；2—压力罐；3—洗涤罐；4—滤液收集罐；5—电子天平；6—板框压滤机；7—压缩机；8—放空阀；9—压力阀；10—进料阀；11—水阀；P—压力表；T—温度计

图 4-8　恒压过滤实验装置实物照片

五、实验步骤及注意事项

① 打开总电源，然后依次打开仪表电源、电子天平、压缩机，待压缩机到达一定压力后，

打开压力阀使压缩空气进入配料罐中搅拌原料。

② 将$CaCO_3$和清水在配料罐中搅拌约5min后，配制成质量分数4%左右的滤浆。全开放空阀，再慢慢打开进料阀，待配料罐中的原料全部进入压力罐后，关闭进料阀和放空阀。

③ 选择一组压力（0.10MPa、0.15MPa或0.25MPa），打开压力管道上的两个压力阀给压力罐加压。

④ 将滤布完全用水润湿后，装好板框和滤布，注意板框的方向，滤布的孔要和板框的孔对齐，压紧板框压滤机。

⑤ 把一空桶放到电子天平上，清零。

⑥ 缓慢打开进入板框压滤机的进料阀，将$CaCO_3$滤浆压入，同时收集滤液。

⑦ 以滤液刚流出板框压滤机的时刻作为开始时刻。每收集400g滤液，计算体积，并记录相应的过滤时间。共记录8～10组数据。

⑧ 当上述步骤⑦完成后，待过滤速度很慢，即滤饼满框，方可进行洗涤，此时将洗涤罐加水至2/3的位置。

⑨ 打开压缩机和洗涤罐连接阀门，打开水阀11，对滤饼进行洗涤，另外收集洗涤液。

⑩ 实验结束后，关闭压力阀，打开放空阀，拆除板框及滤布，将滤饼放入指定桶里，板框及滤布用清水刷洗干净后放回原位。关闭电源，清洁实验场地。

注意实验结束后滤饼、滤液需全部回收到配料罐中。

六、实验数据记录

实验日期：________ 实验人员：________ 装置号：________

1. 基本数据

过滤面积：__________。

2. 原始数据

分别将恒压过滤实验原始数据和计算结果列于表4-9和表4-10中。

表4-9　恒压过滤实验原始数据记录表

压差 Δp/MPa	过滤时间 t/s	滤液体积 V/L

七、实验数据处理

1. 计算过滤参数 K、q_e、t_e 并列入表 4-10 中。

表 4-10　恒压过滤实验参数表

压差 Δp/MPa	过滤时间 t/s	相对滤液体积 q/m	t/q /（$s \cdot m^{-1}$）	K /（$m^2 \cdot s^{-1}$）	q_e/m	t_e/s

2. 比较几种压差下的 K、q_e、t_e 值，讨论压差变化对以上参数的影响。

3. 在直角坐标纸上绘制 lg$K$～lg（Δp）关系曲线，求出 s。

八、思考题

1. 板框压滤机的优缺点是什么？适用于什么场合？

2. 为什么过滤开始时，滤液常常有点浑浊，而过段时间后才变清？

3. 影响过滤速率的主要因素有哪些？当你在某一恒定压强下测定 K、q_e、t_e 值后，若将过滤压强提高一倍，问上述三个值将有何变化？

4. 在恒压过滤条件下，过滤速率随过滤时间如何变化？是否过滤时间越长，生产能力就越大？可以用什么方法增大过滤速率？

单元操作中的化工发展史

斯托克斯与黏性流体运动规律：斯托克斯是英国力学家，1845 年他从改用连续系统的力学模型和牛顿关于黏性流体的物理规律出发提出黏性流体运动的基本方程组。这组方程称为纳维-斯托克斯方程，它是流体力学中最基本的方程组。1851 年，斯托克斯在《流体内摩擦对摆运动的影响》的研究报告中提出球体在黏性流体中作较慢运动时所受阻力的计算公式，指明阻力与流速和黏滞系数成比例，这是关于阻力的斯托克斯公式。直至现在，此公式在数学、物理学等方面都有着重要而深远的影响。

中国车用滤清器行业的发展：中国车用滤清器专业化生产始于 20 世纪 60 年代。但在 20 世纪 80 年代前，我国车用滤清器行业仍是一个十分薄弱的小行业，行业总产值不足亿元。改革开放以后，我国汽车滤清器得到了快速发展。近几十年来，随着汽车整车产量的快速增长和汽车保有量的提高，汽车滤清器的需求呈现快速增长势头。目前国内汽车滤清器的生产企业已超过 2000 家，国有、民营、合资、外商独资多种经济成分并存。我国车用滤清器的民族品牌和自主品牌在残酷的市场竞争中走过了引进、仿制和创新的艰难历程，正在大步进入参与国际市场竞争的新局面。

实验六　综合传热实验

一、实验目的

1．掌握空气在强制对流条件下对流传热膜系数的测定方法。

2．比较光滑管、螺旋槽管和螺旋扁管的强化传热效果。

二、实验任务

1．测定空气在光滑管内（或螺旋槽管、螺旋扁管）的对流传热膜系数。

2．用双对数坐标作 $Nu \sim Re$ 图。

3．计算特征数关联式 $Nu=CRe^m$ 中的待定参数 C、m。

三、实验原理

间壁式传热是生产和生活中常见的传热现象，由热流体对固体壁面的对流传热、固体壁面的热传导和固体壁面对冷流体的对流传热组成。如果传热过程存在控制热阻，则总传热热阻近似等于控制热阻一侧的阻力。因此测定固体壁面某一侧流体的对流传热系数，对掌握整个间壁式传热过程的总传热系数有指导意义。本实验通过水蒸气在套管式换热器中对空气进行加热，其中空气走管程，水蒸气走壳程，测定空气与固体壁面之间的对流传热膜系数。

流体在圆形直管中强制对流时的对流传热膜系数的关联式为

$$Nu = CRe^m Pr^b \tag{4-38}$$

式中 Nu ——努塞尔数，$Nu = \dfrac{\alpha d}{\lambda}$，无量纲；

Re ——雷诺数，$Re = \dfrac{du\rho}{\mu}$，无量纲；

Pr ——普朗特数，$Pr = \dfrac{c_p \mu}{\lambda}$，无量纲；

α ——空气在管内的对流传热膜系数，$W \cdot m^{-2} \cdot ℃^{-1}$；

d ——管内径，m；

u ——空气在管内的流速，$m \cdot s^{-1}$；

λ ——空气在平均温度下的热导率，$W \cdot m^{-1} \cdot ℃^{-1}$；

ρ ——空气在平均温度下的密度，$kg \cdot m^{-3}$；

μ ——空气在平均温度下的黏度，Pa·s；

c_p ——空气在平均温度下的比热容，J·kg^{-1}·℃$^{-1}$；

C、m、b ——公式中有关系数和指数。

对空气而言，在较大的温度和压力范围内 Pr 实际上保持不变，取 Pr=0.7。因流体被加热，故取 b=0.4，Pr^b 为一常数，则上式可简化为

$$Nu = CRe^m \tag{4-39}$$

在双对数坐标系中作图 Nu～Re，为一直线，直线截距为 C，斜率为 m。

$$Re = \frac{du\rho}{\mu} = \frac{dq_V\rho}{\frac{\pi}{4}d^2\mu} = \frac{q_V\rho}{\frac{\pi}{4}d\mu} \tag{4-40}$$

式中 q_V ——空气的体积流量，m^3·s^{-1}。

根据总传热速率方程

$$q_V\rho c_p(t_2 - t_1) = KA\Delta t_m \tag{4-41}$$

式中 t_1 ——空气的进口温度，℃；

t_2 ——空气的出口温度，℃；

K ——总传热系数，W·m^{-2}·℃$^{-1}$；

A ——传热面积，以管内表面计，m^2，$A=\pi dl$；

Δt_m ——对数平均温度差，℃，$\Delta t_m = \dfrac{t_2 - t_1}{\ln\dfrac{T - t_1}{T - t_2}}$；

T ——蒸汽温度，℃。

蒸汽冷凝传热膜系数远大于空气传热膜系数，因此 $K \approx \alpha$，测得冷热流体的温度及空气的体积流量，即可通过热量衡算求出套管换热器的总传热系数 K，由此求出空气传热膜系数 α。

$$Nu = \frac{\alpha d}{\lambda} \approx \frac{Kd}{\lambda} = \frac{q_V\rho c_p(t_2 - t_1)}{A\Delta t_m}\frac{d}{\lambda} \tag{4-42}$$

可由实验获取的数据算出 Nu 和 Re，拟合特征数关联式，并与经验公式相比较。

四、实验装置与流程

本实验装置由蒸汽发生器、风机、套管换热器（光滑管、螺旋槽管、螺旋扁管）、冷凝器、温度计、孔板流量计等构成，实验装置流程如图 4-9 所示。蒸汽发生器内产生的蒸汽进入光滑管换热器（或螺旋槽管、螺旋扁管）的壳程。经冷凝后，壳程内的冷凝水从换热器底部直接返回蒸汽发生器，未冷凝的蒸汽进入冷凝器壳程，被管程内的冷却水冷凝后再返回到蒸汽发生器内。风机输送的空气经孔板流量计测定流量后进入光滑管换热器（或螺旋槽管、螺旋扁管）的管程。换热后空气直接排空。实验装置实物图如图 4-10 所示。

本实验使用的换热管参数如表 4-11 所示。

五、实验步骤及注意事项

1. 实验步骤

① 检查蒸汽发生器液位，不能低于标示刻度线。选定换热管路，打开所选管路的空气阀、

换热器冷凝水阀（半开），并注意检查其他管路的所有开关是否处于关闭状态，打开冷却水阀。

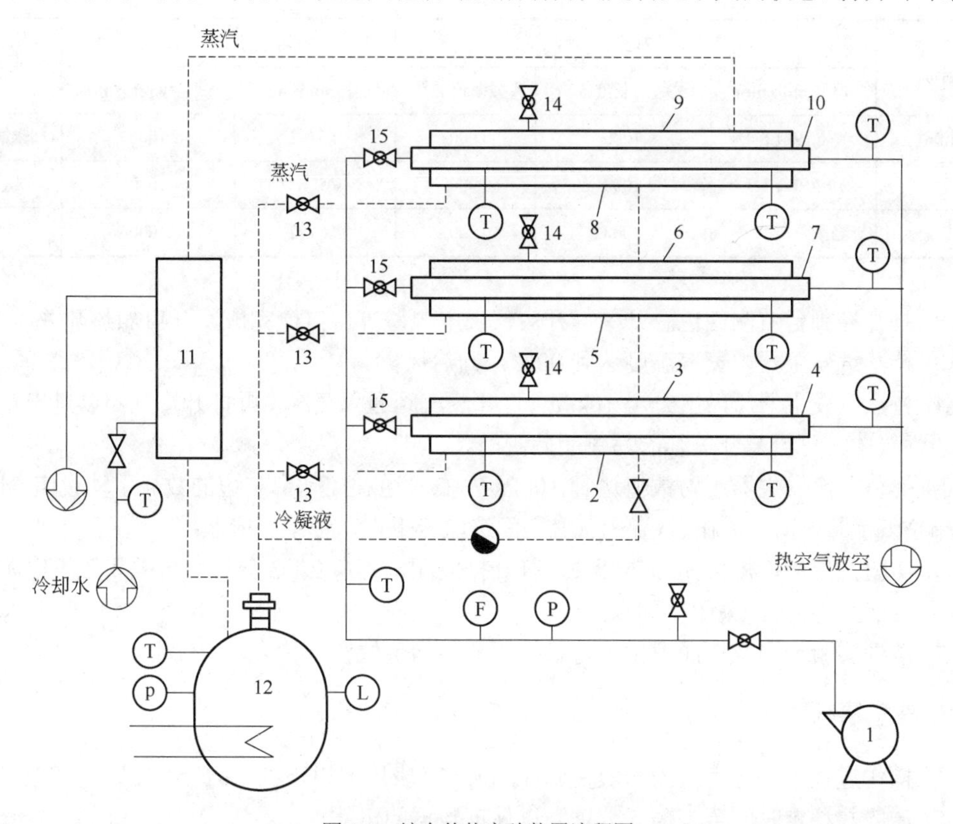

图 4-9　综合传热实验装置流程图

1—风机；2—螺旋扁管换热器；3—外管；4—内管（螺旋扁管）；5—螺旋槽管换热器；6—外管；7—内管（螺旋槽管）；8—光滑管换热器；9—外管；10—内管（光滑管）；11—冷凝器；12—蒸汽发生器；13—蒸汽阀；14—排气阀；15—空气阀；16—冷却水阀；17—冷凝水阀；T—温度计；P—压力表；F—孔板流量计；L—液位计

图 4-10　综合传热实验装置实物照片

表 4-11　换热管参数

换热管名称	内管			外管		材料
	规格/mm×mm	试验段长度/mm	截面积/m^2	规格/mm×mm	试验段长度/mm	
光滑管	Φ19×1.5	1000	0.0002	Φ57×2	1000	紫铜管
螺旋槽管	Φ19×1.5	1000	0.0002	Φ57×2	1000	钛管
螺旋扁管	当量内径 12.5	1000	0.0002	Φ57×2	1000	钛管

② 打开控制台右侧红色总开关，开启仪表电源，等待自检完成，开启加热开关。

③ 待蒸汽发生器内蒸汽温度达到 90℃，开启风机。

④ 待蒸汽发生器压力上升至 10kPa，打开蒸汽阀通入蒸汽，再打开排气阀以排出管路中的不凝性气体，可反复开关几次后关闭此阀门。

⑤ 等待蒸汽发生器压力数值达到 10kPa 左右，通过控制台右边的数显手动设定 MV 值以调节空气流量，MV 值在 50%～100%之间选取若干点，记录相应数据。

⑥ 实验完成后，先关闭加热开关，打开排气阀，等待 2～3 分钟，再关闭风机电源、仪表电源、红色总开关，关闭冷却水阀。

⑦ 清理实验台面及地面卫生，将触控笔放回指定位置。

2. 注意事项

① 操作过程中，蒸汽压力一般控制在 10kPa（表压）以下。

② 一般热稳定时间至少需 5 分钟，以保证数据的可靠性。

③ 设定值 MV 不能低于 50%。

④ 实验过程中密切关注蒸汽发生器的液位和压力值，液位过低以及蒸汽压力值超过 20kPa，立刻关闭加热并报告实验室老师。

3. MV 值设定详细操作步骤

点“数显”旁边的“小电脑”图标，点击“PID 控制”进入设定界面，点“MV”，在弹出的对话框里选“手动”，然后再选定“MV”值，设置完成，点“数显”旁边的“小电脑”图标，再点击“数显”，回到主界面。

六、实验数据记录

实验日期：________ 实验人员：________ 装置号：________

1. 基本数据

温度：______；大气压：__________ Pa。

2. 实验数据

换热器类型：______；管径：________mm；管长：______m；内管截面积：______m^2。

将综合传热实验数据列于表 4-12 中。

表 4-12　综合传热实验数据记录表

序号	空气流量/($m^3 \cdot h^{-1}$)	空气流量计前表压/kPa	空气进口温度/℃	空气出口温度/℃	壳程蒸汽温度/℃	壁面温度/℃
1						
2						
3						
4						
5						
6						

七、实验数据处理

1. 确定空气在定性温度下的物理性质。
2. 确定空气对流传热膜系数（以一组数据为例）。
3. 计算雷诺数 *Re*、努塞尔数 *Nu*。
4. 作 *Nu*～*Re* 关系图，拟合特征数关联式。

八、思考题

1. 蒸汽冷凝过程中，若存在不凝性气体，对传热有什么影响？应采用什么措施消除不凝性气体的影响？

2. 实验过程中，冷凝水不及时排走，会产生什么影响？如何及时排走冷凝水？如果采用不同压强的蒸汽进行实验，对 α 关联式有何影响？

3. 本实验中所测定的壁面温度是靠近蒸汽侧的温度，还是接近空气侧的温度？为什么？

4. 在实验中有哪些因素影响实验的稳定性？在实验中怎样判断系统达到稳定状态？

5. 影响空气对流传热膜系数的因素有哪些？简述你认为可行的传热强化措施及其原理。

6. 试估算空气一侧的热阻占总热阻的百分比。

7. 本实验中，冷空气和蒸汽的流向对传热效果是否有影响？为什么？

8. 其他条件不变，管内流体流速增大时，其出口温度如何变化？为什么？

单元操作中的化工发展史

顾毓珍与流体传热理论：顾毓珍是我国著名的化工专家，也是我国流体传热理论研究的先行者。从 20 世纪 50 年代后期开始，顾毓珍着重对湍流时的动量及热量传递，诸如非牛顿型流体传热等方面开展研究，在强化过程与设备的理论与实践方面获得了重要成果。他根据理论分析提出了强化传热的途径，在强化圈传热、涡流管传热和在气体中加入少量固体颗粒以强化传热等方面的研究都取得了很好的效果，并应用于工业生产，直接推动了我国化学工业的发展。佩里教授在其主编的《化学工程师手册》中指出，顾毓珍提出的关于流体在圆管中流动时的流动阻力计算公式基础理论可靠且便于实际应用，得到国际学术界的公认。此公式被称为“顾氏公式”，是我国科学家在化学工程学科的杰出贡献之一。顾毓珍的一生都在为我国化学工业的发展和化学工程学科的开创而积极奋斗，是青年学生学习的楷模。

青藏铁路建设中的传热问题：青藏铁路是中国新世纪四大工程之一，是通往西藏腹地的第一条铁路，也是世界上海拔最高、线路最长的高原铁路。青藏高原生态脆弱，永久冻土层多。青藏铁路有 550 公里穿过冻土区，真正的较深的冻土地段近 400 公里。人类工程活动会改变冻土相对稳定的水热环境，使地下水位下降，土壤水分减少，导致植被死亡等。为了攻克冻土难题，中国科学家、工程技术人员采取了通风管路基（主动降温）、热棒等措施，使路基聚集的热量快速散发，有效解决了千年冻土所带来的难题，创造了人类奇迹。

实验七　精馏实验

一、实验目的

1. 了解筛板精馏塔或填料精馏塔及其附属设备的基本结构，掌握精馏操作的基本方法。
2. 掌握精馏过程全回流和部分回流的操作方法。
3. 学习测定筛板精馏塔全塔效率或填料精馏塔等板高度。
4. 了解精馏塔中灵敏板以及灵敏板温度的变化。
5. 研究回流比对精馏塔分离效率的影响。

二、实验任务

1. 测定指定条件下的全塔效率或等板高度。
2. 研究回流比对塔分离效率的影响。

三、实验原理

1. 全塔效率 E_T

全塔效率又称总板效率，指达到指定分离效果所需理论板数与实际板数的比值，即

$$E_T = \frac{N_T - 1}{N_P} \tag{4-43}$$

式中　N_T ——完成一定分离任务所需的理论板数，含塔釜；

N_P ——完成一定分离任务所需的实际板数。

全塔效率简单地反映了整个塔内塔板的平均效率，表明塔板结构、物性系数、操作状况等因素对塔板分离效果的影响。对于双组分体系，塔内所需理论板数 N_T，可通过实验测得塔顶组成 x_D、塔釜组成 x_W、进料组成 x_F 及进料热状况 q、回流比 R 等有关参数，利用相平衡关系和操作线用图解法或逐板计算法求得。

2. 单板效率 E_M

单板效率又称默弗里板效率，如图 4-11 所示，是指气相或液相经过一层实际塔板前后的

组成变化值与经过一层理论塔板前后的组成变化值之比。

按气相组成变化表示的单板效率为

$$E_{MV} = \frac{y_n - y_{n+1}}{y_n^* - y_{n+1}} \tag{4-44}$$

按液相组成变化表示的单板效率为

$$E_{ML} = \frac{x_{n-1} - x_n}{x_{n-1} - x_n^*} \tag{4-45}$$

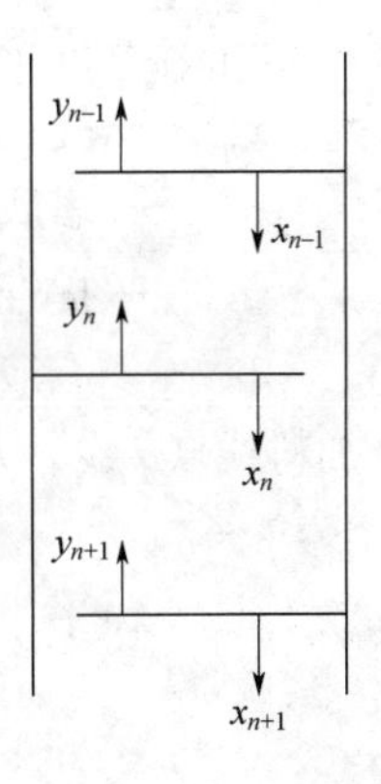

图 4-11　塔板气液流向示意图

式中　y_n、y_{n+1} ——分别为离开第 n、n+1 块塔板的气相组成，以摩尔分数表示；

x_{n-1}、x_n ——分别为离开第 n−1、n 块塔板的液相组成，以摩尔分数表示；

y_n^* ——与 x_n 成平衡的气相组成，以摩尔分数表示；

x_n^* ——与 y_n 成平衡的液相组成，以摩尔分数表示。

3. 等板高度（HETP）

填料塔属于连续接触式传质设备。填料精馏塔与筛板精馏塔的不同之处在于前者塔内气液相浓度呈连续变化，后者呈逐级变化。等板高度（HETP）是衡量填料精馏塔分离效果的一个关键参数，等板高度越小，填料层的传质分离效果就越好。

HETP 是指与一层理论塔板的分离效果相当的填料层高度。它的大小不仅取决于填料的类型、材质与尺寸，而且受系统物性、操作条件及塔设备尺寸的影响。对于双组分体系，实验测得塔顶组成 x_D、塔釜组成 x_W、进料组成 x_F 及进料热状况 q、回流比 R 和填料层高度 Z 等有关参数，通过相平衡关系和操作线用图解法或逐板计算法求得其理论板数 N_T 后，即可用下式确定

$$\text{HETP} = Z/N_T \tag{4-46}$$

4. 图解法求理论板数 N_T

图解法又称麦凯布-蒂勒（McCabe-Thiele）法，简称 M-T 法，其原理与逐板计算法完全相同，只是将逐板计算过程在 y～x 图上直观地表示出来。

对于恒摩尔流体系，精馏段的操作线方程为

$$y_{n+1} = \frac{R}{R+1}x_n + \frac{x_D}{R+1} \tag{4-47}$$

式中　y_{n+1} ——精馏段第 n+1 块塔板上升的蒸气组成，以摩尔分数表示；

x_n ——精馏段第 n 块塔板下流的液体组成，以摩尔分数表示；

x_D ——塔顶馏出液的液体组成，以摩尔分数表示；

R ——回流比。

提馏段的操作线方程为

$$y_{m+1} = \frac{L'}{L'-W}x_m - \frac{Wx_W}{L'-W} \tag{4-48}$$

式中　y_{m+1} ——提馏段第 m+1 块塔板上升的蒸气组成，以摩尔分数表示；

x_m ——提馏段第 m 块塔板下流的液体组成，以摩尔分数表示；

x_W ——塔底釜液的液体组成，以摩尔分数表示；

L' ——提馏段内下流的液体量，kmol·s^{-1}；

W ——釜液流量，kmol·s^{-1}。

加料线（q 线）方程可表示为

$$y=\frac{q}{q-1}x-\frac{x_F}{q-1} \tag{4-49}$$

其中

$$q=1+\frac{c_{pF}(t_S-t_F)}{r_F} \tag{4-50}$$

式中　q ——进料热状况参数；

r_F ——进料液的汽化潜热，kJ·kmol^{-1}；

t_S ——进料液的泡点温度，℃；

t_F ——进料液温度，℃；

c_{pF} ——进料液在平均温度 $(t_S+t_F)/2$ 下的比热容，kJ·kmol^{-1}·℃$^{-1}$；

x_F ——进料液组成，摩尔分数。

回流比 R 的计算

$$R=\frac{L}{D} \tag{4-51}$$

式中　L ——回流液量，kmol·s^{-1}；

D ——馏出液量，kmol·s^{-1}。

（1）全回流操作

在全回流精馏操作时，操作线在 y～x 图上为对角线，如图 4-12 所示，根据塔顶、塔釜的组成在操作线和平衡线间作梯级，即可得到理论板数。

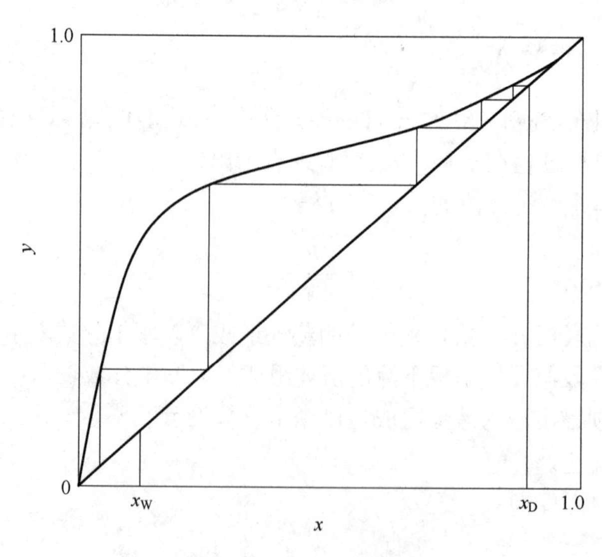

图 4-12　全回流时理论板数的确定

（2）部分回流操作

部分回流操作时，如图 4-13 所示，图解法的主要步骤为：

① 根据物系和操作压力在 $y \sim x$ 图上作出相平衡曲线，并画出对角线作为辅助线；

② 在 x 轴上定出 $x=x_D$、x_F、x_W 三点，依次通过这三点作垂线分别交对角线于点 a、f、b；

③ 在 y 轴上定出 $y_c=x_D/(R+1)$的点 c，连接 a、c 作精馏段操作线；

④ 由进料热状况求出 q 线的斜率 $q/(q-1)$，过点 f 作出 q 线，交精馏段操作线于点 d；

⑤ 连接点 d、b 作出提馏段操作线；

⑥ 从点 a 开始在平衡线和精馏段操作线之间画阶梯，当梯级跨过点 d 时，就改在平衡线和提馏段操作线之间画阶梯，直至梯级跨过点 b 为止；

⑦ 所画的总阶梯数就是全塔所需的理论板数（包含再沸器），跨过点 d 的那块板就是加料板，其上的阶梯数为精馏段的理论板数。

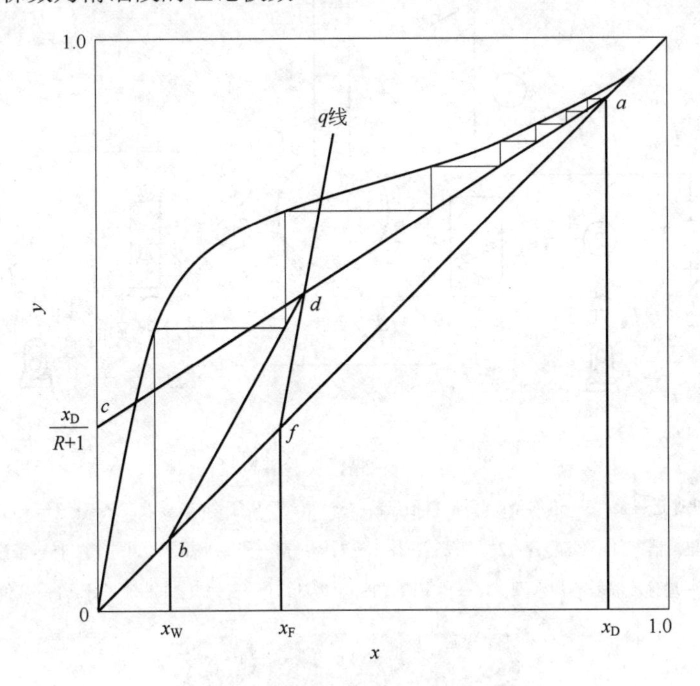

图 4-13　部分回流时理论板数的确定

四、实验装置与流程

筛板精馏实验装置流程如图 4-14 所示。本实验装置的主体设备是筛板精馏塔，配套有加料系统、回流系统、产品出料管路、釜液出料管路、加料泵和测量控制仪表。

本实验料液为乙醇溶液，由进料泵输送进精馏塔内。釜内液体由电加热器加热，产生的蒸气逐板上升，经与各板上的液体传质后，进入换热器壳程，被管程的冷却水全部冷凝成液体，再从集液器流出。一部分塔顶冷凝液体作为回流液从塔顶流入塔内，另一部分作为产品馏出，进入产品罐。釜液经釜液转子流量计后流入釜液罐。实验装置的实物图如图 4-15 所示。

填料精馏实验装置流程与筛板精馏实验装置流程基本相同。

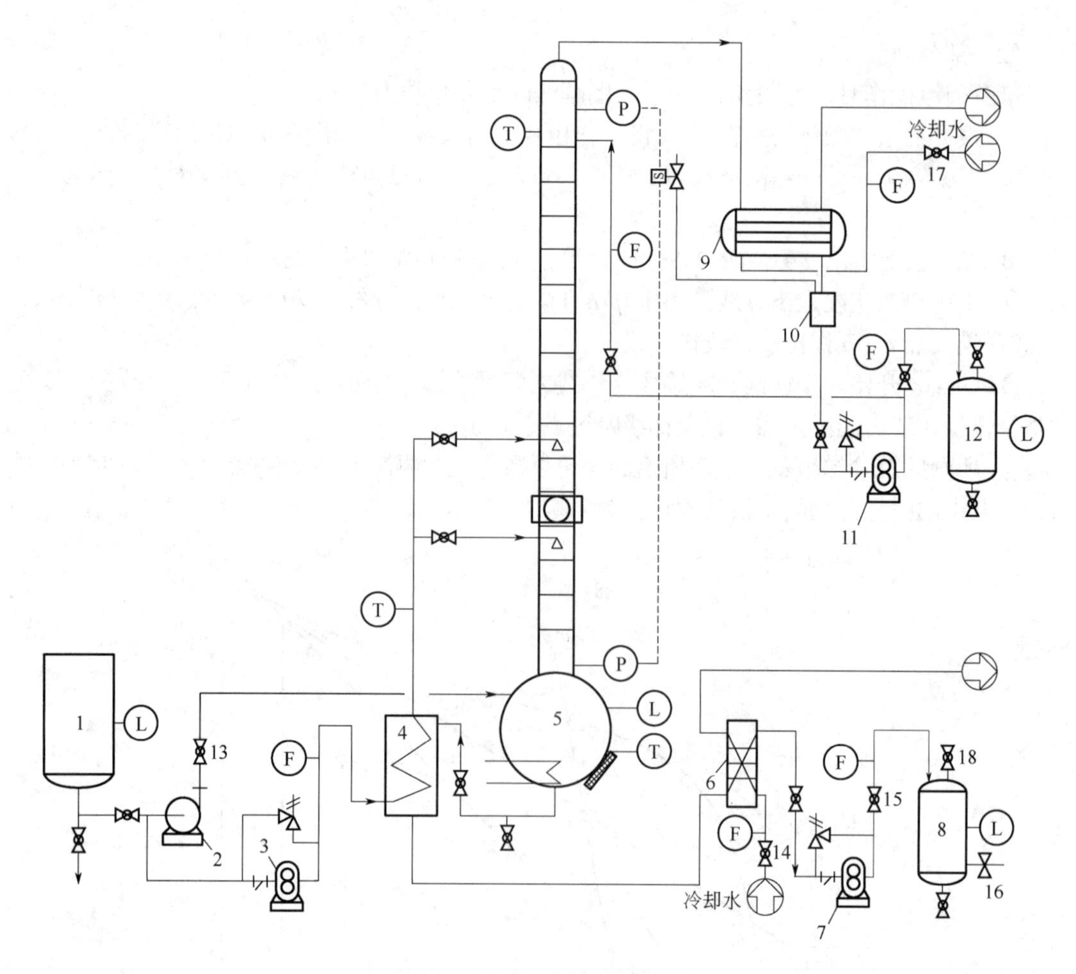

图 4-14　筛板精馏实验装置流程

1—原料罐；2—快速进料泵；3—进料泵；4—原料预热器；5—精馏塔塔釜；6—釜液换热器；7—釜液泵；8—釜液罐；9—塔顶冷凝器；10—集液器；11—回流泵；12—产品罐；13—进料阀；14—釜液换热器冷却水阀；15—釜液阀；16—釜液取样处；17—塔顶冷凝器冷却水阀；18—排空阀；T—温度计；P—压力表；F—流量计；L—液位计

图 4-15　筛板精馏实验装置实物照片

五、实验步骤及注意事项

1. 实验步骤

① 打开控制台红色总电源，开启仪表电源，等待自检完成。

② 开启塔釜 1#、2#、3#加热丝，调节塔釜加热控制使加热电流总和为 9A。

③ 用塑料量杯在原料罐中取原料液倒在 100mL 的量筒里，用 0～50 测量范围酒度计测量浓度，温度计测温，查浓度换算表，确定原料液摩尔分数。

④ 打开装置后面的冷却水阀。

⑤ 待塔釜温度上升到 85℃，打开控制台的塔顶冷凝器冷却水阀，调节流量至约 160L · h^{-1}。

⑥ 集液器中有回流液并且液位达到 2/3 左右时，开启回流泵，打开回流液流量阀，按实际情况调节全回流量。

⑦ 待塔顶温度基本保持稳定 3min 后，启动进料泵，开启进料阀，按操作条件调节进料量、回流量、产品量，开启釜液换热器冷却水阀，启动釜液泵，开启釜液阀。

⑧ 稳定 5min 后，用量杯将产品罐里的不稳定产品放出来，倒入回收桶。

⑨ 保持操作条件不变，10min 左右用量杯取出产品倒在 250mL 的量筒中，用 50～100 测量范围的酒度计测其浓度，并用温度计测量温度，查浓度换算表，确定产品组成（摩尔分数）。

⑩ 用量杯在釜液取样处取出釜液，倒在 100mL 的量筒中，用 0～50 测量范围的酒度计测量浓度，测温，查浓度换算表。

⑪ 实验完毕后，关闭塔釜加热丝 1#、2#、3#，关闭所有泵电源，关闭除冷却水以外所有阀门。

⑫ 将产品罐里面的产品全部回收到回收桶，打开釜液罐的排空阀。

⑬ 5min 后，关闭釜液换热器冷却水阀及冷却水总阀。

⑭ 整理实验台面，桌椅摆放整齐。

2. 注意事项

① 在实验过程中不能打开“快速进料泵”。

② 全回流时，塔顶回流液流量无明确要求，但应保证集液器内液体不能积累太多。

③ 实验过程中注意塔顶温度不能超过 80℃。若温度过高，通过调节加热控制减少加热量。

④ 若塔顶回流量不足，可以适当降低回流量和塔顶产品流量，同时提高釜液流量。

⑤ 实验过程中，不要拍打、碰撞装置面板，以免引起晃动，影响结果。

六、实验数据记录

实验日期：__________ 实验人员：__________ 装置号：__________

1. 基本数据

实验介质：______________；筛板精馏塔实际板数：______________；填料精馏塔填料层高度：______________。

2. 实验数据

分别将筛板精馏实验和填料精馏实验数据列于表 4-13 和表 4-14 中。

表 4-13 筛板精馏实验数据记录表

实验序号	1	2
原料液酒度计读数		
原料液浓度（摩尔分数）		
塔顶产品酒度计读数		
塔顶产品浓度（摩尔分数）		
塔顶产品温度/℃		
釜液酒度计读数		
釜液浓度（摩尔分数）		
塔釜温度/℃		
进料温度/℃		
回流温度/℃		
进料流量计读数/（$L \cdot h^{-1}$）		
回流流量计读数/（$L \cdot h^{-1}$）		
塔顶产品流量计读数/（$L \cdot h^{-1}$）		
釜液流量计读数/（$L \cdot h^{-1}$）		
塔顶冷却水流量计读数/（$L \cdot h^{-1}$）		
釜液冷却水流量计读数/（$L \cdot h^{-1}$）		
第 14 块塔板温度/℃（由塔顶开始算起，下同）		
第 9 块塔板温度/℃		
第 7 块塔板温度/℃		
第 5 块塔板温度/℃		
第 3 块塔板温度/℃		
塔顶温度/℃		
塔釜压力/kPa		
塔顶压力/kPa		

表 4-14 填料精馏实验数据记录表

实验序号	1	2
原料液酒度计读数		
原料液浓度（摩尔分数）		
塔顶产品酒度计读数		
塔顶产品浓度（摩尔分数）		

续表

实验序号	1	2
釜液酒度计读数		
釜液浓度（摩尔分数）		
进料温度/℃		
塔釜温度/℃		
填料精馏塔下段温度/℃		
填料精馏塔上段温度/℃		
塔顶温度/℃		
回流温度/℃		
塔顶乙醇蒸气压力/kPa		
塔釜压力/kPa		
精馏塔液位/mm		
进料流量计读数/（$L \cdot h^{-1}$）		
回流流量计读数/（$L \cdot h^{-1}$）		
塔顶产品流量计读数/（$L \cdot h^{-1}$）		
釜液流量计读数/（$L \cdot h^{-1}$）		
塔顶冷却水流量计读数/（$L \cdot h^{-1}$）		
釜液冷却水流量计读数/（$L \cdot h^{-1}$）		

七、实验数据处理

1. 用图解法计算理论板数。
2. 计算全塔效率或等板高度（HETP）。
3. 写出进料热状况参数 q 的计算示例。

八、思考题

1. 测定部分回流的全塔效率与单板效率时，各需测几个参数？取样位置在何处？（筛板精馏塔做）

2. 欲知部分回流时的等板高度，需测哪几个参数？取样位置在何处？（填料精馏塔做）

3. 什么是全回流？全回流在精馏塔操作中有什么实际意义？全回流时测得筛板精馏塔上第 n、n-1 层液相组成后，如何求得 x_n^*？部分回流时，又如何求 x_n^*？

4. 简述精馏操作的主要影响因素。改变回流比的方法有哪些？只改变回流比对塔性能产生什么影响？

5. 进料板位置是否可以任意选择，对塔的性能有何影响？

6. 为什么乙醇蒸馏采用常压操作而不采用加压蒸馏或真空蒸馏？

7. 将本塔适当加高，是否可以得到无水乙醇？为什么？

8. 当塔顶温度开始上升时，说明此时塔内发生什么变化。

单元操作中的化工发展史

低碳愿景与精馏节能过程：2020 年 9 月，中国在第七十五届联合国大会提出 2030 年“碳达峰”和 2060 年“碳中和”的宏伟目标，揭开了低碳经济时代的序幕。“低碳”由此成了能源利用与经济体系的一项重大变革举措，涵盖了社会、生活、经济等多方面。精馏是化学工业中应用最广泛的关键共性技术，然而其能耗占生产过程总能耗的比例高达 40%以上，因此开发精馏过程的高效节能技术迫在眉睫。提高精馏过程的能效，对低碳社会的建设有重要作用，青年学生应能合理利用所掌握的知识，对实验装置提出合理可行的节能措施。

全球最大的空分装置集群：空分装置是利用低温精馏法分离生产氧气、氮气、氩气等各组分气体的生产装置，是标志一个国家基础化工发展水平的“重器”。全球最大空分装置集群——神华宁煤 400 万 t/a 煤炭间接液化项目空分装置已经在宁夏建设成型。该空分装置集群是项目中的上游工艺装置，包括了 12 套目前亚洲单套生产能力最大、设计生产规模为 10 万 m^3 O_2/h 的空分装置。该装置集群的建成标志着我国在空分制氧领域已具有核心竞争力，也意味着我国神华宁煤煤化工基地将成为世界最大、最具竞争优势和发展潜力的煤化工基地。

实验八　CO_2 吸收-解吸实验

一、实验目的

1. 了解填料吸收塔的基本结构、流程及操作方法。
2. 掌握总体积传质系数 $K_X a$ 的测定方法。
3. 了解气体空塔速度与压降的关系。
4. 了解 CO_2 解吸操作。

二、实验任务

1. 测定填料吸收塔的流体力学性能。
2. 测定利用填料吸收塔吸收 CO_2 的总体积传质系数 $K_X a$。

三、实验原理

1. 气体通过填料层的压降测定

气体通过填料层的压降是塔设计中的重要参数，它决定了塔的动力消耗。压降与气、液流量有关，不同液体喷淋量下填料层的压降 $\Delta p/Z$ 与气速 u 的关系（在双对数坐标系中）如图 4-16 所示。

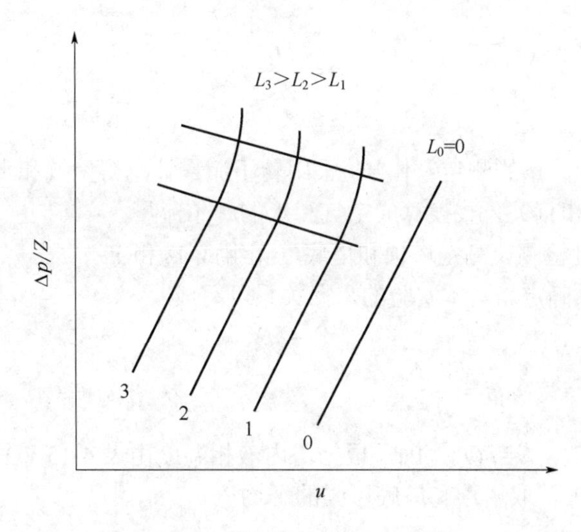

图 4-16 填料塔的 $\Delta p/Z$～u 曲线

当无液体喷淋即喷淋量 L_0=0 时，干填料的 $\Delta p/Z$～u 的关系是直线，如图中的直线 0。当有一定的喷淋量时，$\Delta p/Z$～u 的关系变成折线，并存在两个转折点，下转折点称为“载点”，上转折点称为“泛点”。这两个转折点将 $\Delta p/Z$～u 关系分为三个区段：恒持液量区、载液区与液泛区。

2. 传质性能测定

吸收系数是决定吸收过程速率高低的重要参数，而实验测定是获取吸收系数的根本途径。对于相同的物系及一定的设备（填料类型与尺寸），吸收系数将随着操作条件及气液接触状况的不同而变化。

本实验采用水溶液吸收空气中的 CO_2 组分。空气中的 CO_2 浓度控制在 10%以内，所以吸收的计算方法可按低浓度来处理。由于 CO_2 在水中的溶解度很小，所以此体系 CO_2 气体的吸收过程属于液膜控制过程。因此，本实验主要测定 K_Xa。

（1）计算公式

填料层高度 Z 为

$$Z=\int_0^Z \mathrm{d}Z=\frac{L}{K_X a\Omega}\int_{X_2}^{X_1}\frac{\mathrm{d}X}{X-X^*}=H_{\mathrm{OL}}N_{\mathrm{OL}} \tag{4-52}$$

式中 L ——液体通过塔截面的摩尔流量，kmol · s^{-1}；

K_Xa ——ΔX 为推动力的液相总体积传质系数，kmol · m^{-3} · s^{-1}；

H_{OL} ——传质单元高度，m；

N_{OL} ——传质单元数，无量纲；

Ω ——塔截面积，m^2。

令吸收因数

$$A=\frac{L}{mG} \tag{4-53}$$

式中，G 为空气通过塔截面的摩尔流量，kmol · s^{-1}；

$$N_{\mathrm{OL}}=\frac{1}{1-A}\ln\left[(1-A)\frac{Y_1-mX_2}{Y_1-mX_1}+A\right] \tag{4-54}$$

因此
$$K_X a=\frac{L}{Z\Omega}N_{OL}$$

（2）测定方法

① 空气流量和水流量的测定：本实验采用转子流量计测得空气和水的流量，并根据实验条件（温度和压力）和有关公式换算成空气和水的摩尔流量。

② 利用 CO_2 浓度检测仪测定塔顶和塔底气相组成 Y_2 和 Y_1。

③ 利用平衡关系确定 m。本实验的平衡关系可写成

$$Y^*=mX \tag{4-55}$$

式中 m ——相平衡常数，$m=\frac{E}{p}$；

E ——亨利系数，$E=f(T)$，Pa，根据塔内液相温度由表 4-15 查得；

p ——总压，Pa，取塔顶和塔底压强的平均值。

表 4-15 CO_2 气体溶于水的亨利系数表

温度/℃	0	5	10	15	20	25	30	35	40	45	50	60
亨利系数 10^{-4}/kPa	0.738	0.888	1.05	1.24	1.44	1.66	1.88	2.12	2.36	2.6	2.87	3.46

④ 由全塔物料衡算式 $G(Y_1-Y_2)=L(X_1-X_2)$ 计算出 X_1。对清水而言，$X_2=0$。

四、实验装置与流程

实验装置流程图如图 4-17 所示。流体力学实验主要在解吸塔上进行。①测定干填料性能。开启旋涡气泵，空气经调节阀 V8 调节流量，由解吸塔塔底进入解吸塔，由塔顶排空。②测定一定喷淋量下湿填料性能。实验时，开启水泵Ⅰ和Ⅱ，保持一定的清水流量，水进入解吸塔塔顶喷淋而下，空气按干填料时相同管路进入解吸塔，与水在塔内逆流接触。

CO_2 传质实验主要在吸收塔上进行。CO_2 气体由钢瓶经 CO_2 调节阀调节流量后进入缓冲罐，并与由风机输送的空气在缓冲罐中混合，混合气体经由管路进入吸收塔塔底。储槽Ⅱ中的水由水泵Ⅱ输送，流经吸收塔调节阀门调节流量后，由吸收塔塔顶喷淋而下，与空气在吸收塔内逆流接触吸收。吸收尾气由塔顶排出，吸收液经吸收塔塔底流入储槽Ⅰ中，后经由水泵Ⅰ输送，流经解吸塔水相调节阀 V10 后，进入解吸塔塔顶喷淋而下，与由旋涡气泵输送的空气在解吸塔内进行逆流接触，对吸收液进行解吸。解吸后的尾气从塔顶排空，解吸液由解吸塔塔底流入储槽Ⅱ中作为吸收液再循环使用。本实验装置的实物图如图 4-18 所示。

本实验使用的填料种类及规格为：θ 环（10mm×10mm）、矩鞍环（16mm×10mm）、共轭环（15mm×25mm）。填料吸收塔：Φ120mm×10mm 有机玻璃管，填料层高度 1.3m；填料解吸塔：Φ120mm×10mm 有机玻璃管，填料层高度 1.3m。

五、实验步骤及注意事项

1. 解吸塔干填料层流体力学性能测定

① 打开总电源、仪表电源。

② 打开空气旁路调节阀至全开，启动旋涡气泵。

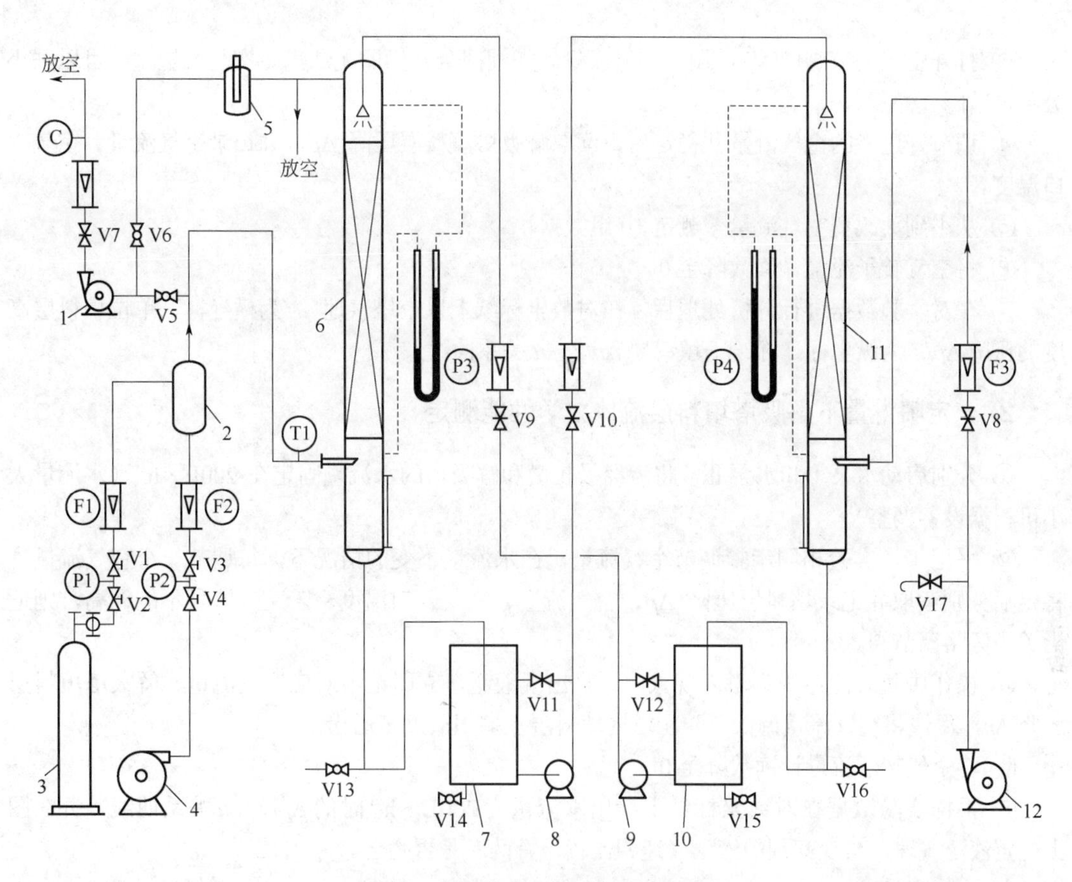

图 4-17　吸收-解吸实验装置流程图

1—采样气泵；2—缓冲罐；3—CO_2钢瓶；4—风机；5—干燥器；6—吸收塔；7—储槽Ⅰ；8—水泵Ⅰ；9—水泵Ⅱ；10—储槽Ⅱ；11—解吸塔；12—旋涡气泵；C—CO_2分析仪；F—流量计；P—压差计；T—温度计

图 4-18　CO_2吸收-解吸实验装置流程实物照片

③ 打开空气调节阀门 V8，调节空气流量。如阀门全开仍旧无法满足实验气量时，可以关小旁路调节阀。

④ 调节好进塔的空气流量并稳定后，读取解吸塔填料层压降 Δp，并记录空气流量、空气入口温度。

⑤ 从小到大改变空气流量，测定 10 组数据。

⑥ 将空气转子流量计读数降至 0。

⑦ 在对实验数据进行分析处理后，在对数坐标纸上以空塔气速 u 为横坐标，单位填料层高度的压降 $\Delta p/Z$ 为纵坐标，标绘干填料层 $\Delta p/Z$～u 关系曲线。

2. 一定喷淋量下解吸塔填料层流体力学性能测定

① 分别启动水泵Ⅰ和水泵Ⅱ，将流经吸收塔和解吸塔的水流量固定在 $200L \cdot h^{-1}$（水流量大小可根据设备调整）。

② 采用干塔实验相同步骤调节空气流量，在水流量不变的情况下，每调节一个空气流量，稳定后分别读取并记录填料层压降 Δp、空气流量、空气入口温度。若空气流量不能调高，则适当关小旁路调节阀。

③ 操作中随时注意观察塔内现象，一旦出现液泛，立即记下对应空气流量、解吸塔填料层压降 Δp，尽快将空气流量调低，防止塔内填料层上端积液过多溢出。

④ 将空气转子流量计读数降至 0。

⑤ 根据实验数据在对数坐标纸上标出水流量为 $200L \cdot h^{-1}$ 时的 $\Delta p/Z$～u 关系曲线，并在图上确定液泛气速，与观察到的液泛气速相比较，看两者是否吻合。

3. CO_2 吸收总体积传质系数 K_xa 测定实验

① 分别启动水泵Ⅰ和水泵Ⅱ。

② 将吸收塔和解吸塔水相流量调节至 100～$200L \cdot h^{-1}$ 之间。吸收塔和解吸塔的水相流量在实验过程中保持相同。

③ 待水从吸收塔顶喷淋而下，启动风机，利用空气微调阀 V3 将空气流量调节至 0.4～$0.6m^3 \cdot h^{-1}$，同时打开 CO_2 钢瓶，调节 CO_2 流量至 0.7～$1.0L \cdot min^{-1}$，控制 CO_2 与空气的体积比在 6%～10%左右。启动旋涡气泵，调节旋涡气泵流量至 $6m^3 \cdot h^{-1}$。

④ 待水相流量、CO_2 气体流量、空气流量稳定 20min 后，分别记录空气流量、表压和 CO_2 气体流量、表压，混合气进出口温度以及水相流量。

⑤ 切换进气、尾气 CO_2 检测阀门，利用 CO_2 分析仪分别测量填料吸收塔进出口气体中 CO_2 浓度。实验时先测量出口浓度，稳定后再测量进口浓度。

4. 实验结束

① 数据记录好后，先关闭 CO_2 钢瓶，待 CO_2 流量归零后，关闭空气调节阀，关闭风机和旋涡风机。待水相再喷淋 3～5min 后关闭水泵Ⅰ和水泵Ⅱ。

② 关闭除空气旁路调节阀的所有阀门，关闭总电源，清理实验仪器和实验场地，一切复原。

5. 注意事项

① 开启 CO_2 钢瓶总阀门前，要先关闭减压阀，检查设备上 CO_2 调节阀是否处于开启状

态（不能处于关闭状态）。开启 CO_2 减压阀时要缓慢，压力一定不要太大。

② 实验中要注意保持 CO_2 流量稳定，确保进塔气相 CO_2 浓度稳定。

③ 实验中要注意保持吸收塔和解吸塔水流量数值一致，并随时关注储槽中的液位，实验时保持水相流量不变。

六、实验数据记录

实验日期：________ 实验人员：________ 装置号：________

1. 填料塔流体力学性能

（1）基本数据

实验介质：______；填料种类：______；填料层高度：______m；塔内径：______m；填料规格：______。

（2）实验数据

分别将干塔和湿填料塔流体力学性能数据列于表 4-16 和表 4-17 中。

表 4-16　填料塔流体力学性能测定（干填料）

序号	解吸塔填料层压降 /kPa	单位高度填料层压降 /kPa	空气转子流量计读数 /（$m^3 \cdot h^{-1}$）	空塔气速 /（$m \cdot s^{-1}$）
1				
2				
3				
4				
5				
6				

表 4-17　填料塔流体力学性能测定（湿填料）（L=___ $L \cdot h^{-1}$）

序号	解吸塔填料层压降 /kPa	单位高度填料层压降 /kPa	空气转子流量计读数 /（$m^3 \cdot h^{-1}$）	空塔气速 /（$m \cdot s^{-1}$）	操作现象
1					如：正常
2					
3					
4					
5					
6					
7					
8					如：积液
9					
10					如：液泛

2. CO_2吸收总体积传质系数测定

（1）基本数据

气体种类：______；吸收剂：______；填料层高度：_____m；

塔内径：_______m；填料规格：___________。

（2）实验数据

分别将CO_2吸收总体积传质系数测定实验的原始数据和计算结果列于表4-18和表4-19中。

表4-18　CO_2吸收总体积传质系数测定原始数据记录表

序号	项目	水流量/（$L\cdot h^{-1}$）	
		L_1=	L_2=
1	CO_2转子流量计读数/（$L\cdot min^{-1}$）		
2	进口处CO_2气体温度/℃		
3	空气转子流量计读数V_{Air}/（$m^3\cdot h^{-1}$）		
4	进口处空气温度/℃		
5	水进口温度/℃		
6	水出口温度/℃		
7	亨利系数$E\times10^{-5}$/kPa		
8	进口气体中CO_2浓度Y_1		
9	尾气中CO_2浓度Y_2		

表4-19　CO_2吸收总体积传质系数测定处理数据表

序号	项目	水流量/（$L\cdot h^{-1}$）	
		L_1=	L_2=
1	流量计处CO_2实际体积流量/（$m^3\cdot h^{-1}$）		
2	流量计处空气实际体积流量/（$m^3\cdot h^{-1}$）		
3	空气流量G/（$kmol\cdot h^{-1}$）		
4	水流量L/（$kmol\cdot h^{-1}$）		
5	相平衡常数m		
6	吸收因数A		
7	出塔水相摩尔比X_1		
8	液相传质单元数N_{OL}		
9	液相体积传质系数K_Xa/（$kmol\cdot m^{-3}\cdot h^{-1}$）		
10	吸收率/%		

七、实验数据处理

1. 作出填料层压降$\Delta p/Z$与气速u的关系曲线，并分析讨论曲线的意义。
2. 写出总体积传质系数K_Xa的计算示例。

八、思考题

1. 填料塔结构有什么特点？试从理论上预测干填料层 $\Delta p/Z \sim u$ 关系曲线变化规律、湿填料层 $\Delta p/Z \sim u$ 关系曲线随水流量的变化趋势。

2. 测定 $K_X a$ 有什么工程意义？

3. CO_2 吸收过程属于液膜控制还是气膜控制？试分析吸收剂流量和吸收剂温度对吸收过程的影响。实验结果与理论分析一致吗？为什么？

4. 当气体温度和液体温度不同时，应用哪个温度查找亨利系数？

5. 填料吸收塔塔底为什么必须有液封装置？

6. 工业上吸收在低温、加压下进行，而解吸在高温、常压下进行，为什么？

单元操作中的化工发展史

温室效应和巴黎协定：气候变暖问题给人类生存和发展带来了严峻挑战，如何减少温室效应显得尤为重要。CO_2、甲烷等温室气体进入到大气中，阻碍了正常的能量耗散，导致地表温度升高。为遏制全球变暖趋势，中国等约 200 个缔约方通过并签署巴黎协定。中国作为负责任的大国，积极响应巴黎协定，并在 2020 年实现了减排目标，兑现了巴黎协定上的全部承诺。

纯碱与民族化学工业的开拓者：纯碱是重要的基础化工原料，被誉为“化工之母”。工业上最早使用的制碱法是 1861 年比利时人索尔维发明的“索尔维氨碱法”，即将 CO_2 通入到吸收氨气的饱和食盐水中，生成碳酸氢钠后煅烧得到纯碱。此外，索尔维于 1911 年在布鲁塞尔创办了“索尔维国际物理学化学研究会”，一直延续至今。由于制碱技术长期被“索尔维公会”成员国垄断，具体的生产工艺保密，导致我国在制碱技术上面临巨大困难。在范旭东爱国热情的深深感染下，从海外名校毕业的侯德榜肩负民族大义，毅然选择回国，决定攻克制碱技术以报效祖国。侯德榜将合成氨与纯碱制备工艺相耦合，经过艰苦奋斗终于成功开发出“联合制碱法”。同时，侯德榜先生丝毫不计较个人利益，将技术成果著书公开，造福全世界人民。侯德榜和范旭东对民族化学工业的发展作出了不朽的贡献。

实验九　洞道干燥实验

一、实验目的

1. 了解洞道式干燥装置的基本结构、工艺流程和操作方法。

2. 测定物料在恒定干燥条件下的干燥速率曲线、传质系数。

3. 掌握根据干燥速率曲线求取恒速阶段干燥速率、临界和平衡含水量的实验方法。

4. 研究干燥条件对于干燥过程特性的影响。

二、实验任务

1. 测定物料（毛毡板或其他）在恒定干燥工况下的干燥速率曲线及传质系数K_H。
2. 分析空气流量对物料干燥速率曲线的影响。

三、实验原理

在设计干燥器的尺寸或确定干燥器的生产能力时，被干燥物料在给定干燥条件下的干燥速率、临界含水量和平衡含水量等干燥特性数据是最基本的技术依据参数。由于实际生产中被干燥物料的性质千变万化，因此对于大多数的被干燥物料而言，其干燥特性数据常常需要通过实验测定。

按干燥过程中空气状态参数是否变化，可将干燥过程分为恒定干燥条件操作和非恒定干燥条件操作两大类。若用大量空气干燥少量物料，则可以认为湿空气在干燥过程中温度、湿度均不变，再加上气流速度、与物料的接触方式不变，则称这种操作为恒定干燥条件下的干燥操作。

1. 干燥速率的定义

干燥速率的定义为单位干燥面积（提供湿分汽化的面积）、单位时间内除去的湿分质量。即

$$U=\frac{\mathrm{d}W}{A\mathrm{d}\tau}=-\frac{G_c\mathrm{d}X}{A\mathrm{d}\tau} \tag{4-56}$$

式中 U——干燥速率，又称干燥通量，$kg \cdot m^{-2} \cdot s^{-1}$；

A——干燥表面积，m^2；

W——汽化的湿分量，kg；

τ——干燥时间，s；

G_c——绝干物料的质量，kg；

X——干基含水量，kg（水）$\cdot kg^{-1}$（绝干物料）。

负号表示X随干燥时间的增加而减少。

2. 干燥速率的测定方法

将湿物料试样置于恒定空气流中进行干燥实验，随着干燥时间的延长，水分不断汽化，湿物料质量减少。记录物料在不同时间下的质量G，直到物料质量不变为止，此时留在物料中的水分就是平衡水分X^*。再将物料烘干后称重得到绝干物料重G_c，则物料干基含水量X为

$$X=\frac{G-G_c}{G_c} \tag{4-57}$$

计算出每一时刻的干基含水量X，然后将X对干燥时间τ作图，即为干燥曲线，如图4-19所示。

上述干燥曲线还可以变换得到干燥速率曲线。由已测得的干燥曲线求出不同X下的斜率$\frac{\mathrm{d}X}{\mathrm{d}\tau}$，

再由式（4-56）计算得到干燥速率 U，将 U 对 X 作图，就是干燥速率曲线，如图 4-20 所示。

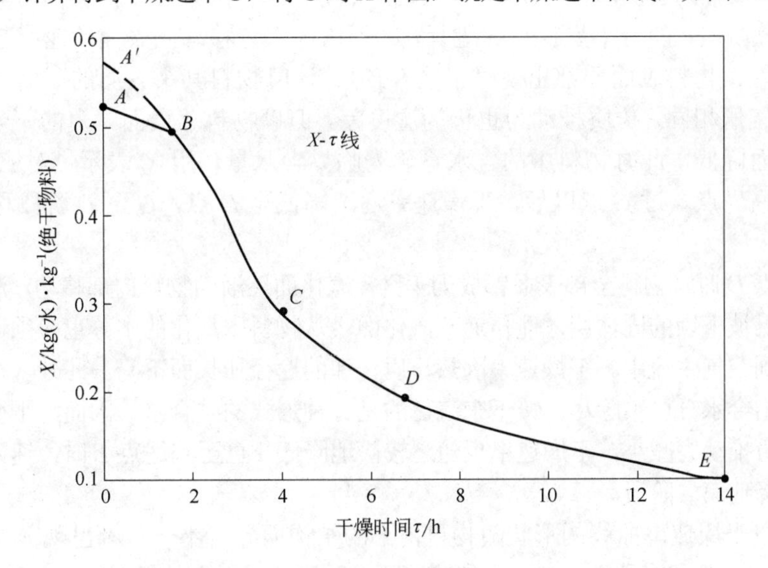

图 4-19　恒定干燥条件下的干燥曲线

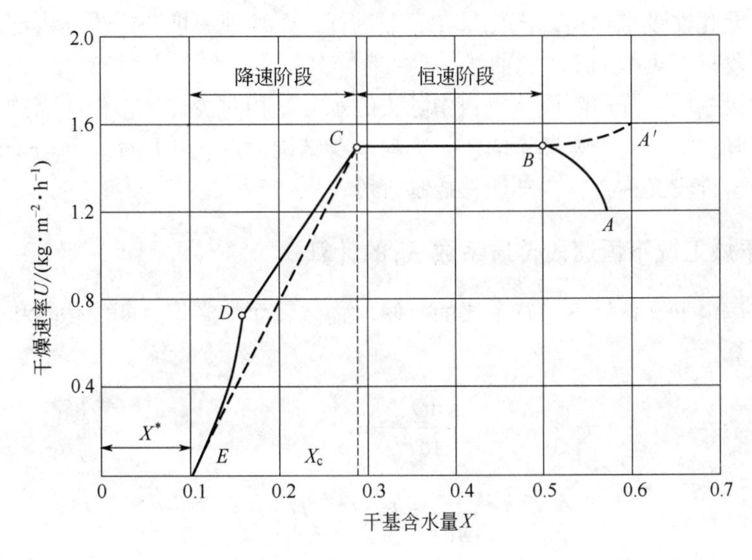

图 4-20　恒定干燥条件下的干燥速率曲线

3. 干燥过程分析

预热阶段：如图 4-20 中的 AB 段或 $A'B$ 段。物料在预热阶段中，含水量略有下降，温度则升至或降至湿球温度 t_w，干燥速率可能呈上升趋势变化，也可能呈下降趋势变化。预热阶段经历的时间很短，通常在干燥计算中忽略不计，有些干燥过程甚至没有预热阶段。

恒速干燥阶段：如图 4-20 中的 BC 段。该段物料水分不断汽化，含水量不断下降。但由于这一阶段去除的是物料表面附着的非结合水分，水分去除的机理与纯水的相同，故在恒定干燥条件下，物料表面始终保持为湿球温度 t_w，传质推动力保持不变，因而干燥速率也不变。在图 4-20 中，BC 段为水平线。只要物料表面足够湿润，物料的干燥过程中总有恒速阶段。而该段的干燥速率大小取决于物料表面水分的汽化速率，亦即决定于物料外部的空气干燥条件，故该阶段又称为表面汽化控制阶段。

降速干燥阶段：随着干燥过程的进行，物料内部水分移动到表面的速度赶不上表面水分的汽化速率，物料表面局部出现“干区”，尽管这时物料其余表面的平衡蒸气压仍与纯水的饱和蒸气压相同，传质推动力也仍为湿度差，但以物料总表面计算的干燥速率因“干区”的出现而降低，此时物料中的含水量称为临界含水量，用 X_c 表示，对应图 4-20 中的 C 点，称为临界点。过 C 点以后，干燥速率逐渐降低至 D 点，C 至 D 阶段称为降速第一阶段。

干燥到点 D 时，物料全部表面都成为干区，汽化面逐渐向物料内部移动，汽化所需的热量必须通过已被干燥的固体层才能传递到汽化面，从物料中汽化的水分也必须通过这层干燥层才能传递到空气主流中。干燥速率因热、质传递的途径加长而下降。此外，在点 D 以后，物料中的非结合水分已被除尽。接下来汽化的是各种形式的结合水，因而，平衡蒸气压将逐渐下降，传质推动力减小，干燥速率也随之较快地降低，直至到达点 E 时，速率降为零。这一阶段称为降速第二阶段。

降速阶段干燥速率曲线的形状随物料内部的结构而异，不一定都呈现前面所述的曲线 CDE 形状。对于某些多孔性物料，可能降速两个阶段的界限不是很明显，曲线只显示出 CD 段；对于某些无孔性吸水物料，汽化只在表面进行，干燥速率取决于固体内部水分的扩散速率，故降速阶段只有类似 DE 段的曲线。

与恒速阶段相比，降速阶段从物料中除去的水分量相对少许多，但所需的干燥时间却长得多。总之，降速阶段的干燥速率取决于物料本身结构、形状和尺寸，而与干燥介质状况关系不大，故降速阶段又称物料内部迁移控制阶段。

4. 恒定干燥工况下恒速段传质系数 K_H 的计算

当物料在恒定干燥条件下进行干燥的时候，物体表面与空气之间的传热和传质过程分别用下面式子计算

$$\frac{dQ}{Ad\tau}=\alpha(t-t_w) \tag{4-58}$$

$$\frac{dW}{Ad\tau}=K_H(H_w-H) \tag{4-59}$$

式中 Q ——由空气传给物料的热量，kJ；

α ——由空气至物料表面的传热膜系数，$kW \cdot m^{-2} \cdot ℃^{-1}$；

t ——空气温度，℃；

K_H ——以湿度差为推动力的传质系数，$kg \cdot m^{-2} \cdot s^{-1}$；

t_w ——湿物料表面温度（即空气的湿球温度），℃；

H ——空气湿度，kg（水）$\cdot kg^{-1}$（干空气）；

H_w ——t_w 时空气的饱和湿度，kg（水）$\cdot kg^{-1}$（干空气）。

恒定的干燥条件就是指空气的温度 t、湿度 H、流速及与物料接触的方式都保持恒定不变，因此随空气条件而定的 α 和 K_H 亦保持恒定值。只要水分由物料内部迁移至表面的速率大于或等于水分从表面汽化的速率，则物料的表面就能保持完全润湿。若不考虑辐射对物料温度的影响，湿物料表面的温度即为空气的湿球温度 t_w。当 t_w 值一定时，H_w 值也保持不变，所以

式（4-58）、式（4-59）等号右端的值$\alpha(t-t_w)$与$K_H(H_w-H)$的值也保持恒定，即$\frac{dQ}{Ad\tau}$和$\frac{dW}{Ad\tau}$均保持恒定。

因在恒速干燥阶段中，空气传给物料的显热等于水分汽化所需的潜热，即

$$dQ=r_w dW \tag{4-60}$$

式中 r_w——t_w时水的汽化潜热，$kJ \cdot kg^{-1}$。

将式（4-60）代入式（4-59）得

$$\frac{dW}{Ad\tau}=\frac{dQ}{r_w Ad\tau}=K_H(H_w-H)=\frac{h}{r_w}(t-t_w) \tag{4-61}$$

传质系数K_H可由式（4-61）求取，式中α可用下式求得。对于静止的物料层，空气流动方向平行于物料表面时，有

$$\alpha=0.0204(L')^{0.8} \tag{4-62}$$

式中 L' —— 湿空气的质量速度，$kg \cdot m^{-2} \cdot h^{-1}$；

α —— 对流传热系数，$W \cdot m^{-2} \cdot K^{-1}$。

式（4-62）的应用条件为：$L'=2450\sim29300kg \cdot m^{-2} \cdot h^{-1}$，空气温度为45～150℃。

采用孔板流量计测定湿空气的体积流量V，$L'=\rho V/A'$（ρ为气体的密度$kg \cdot m^{-3}$，由空气的温度和压强查表，或者使用理想气体状态方程计算；A'为干燥室截面积）。

四、实验装置与流程

干燥装置流程如图4-21所示。空气由风机送入电加热器，经预热后流入干燥室，干燥固定好的湿物料（毛毡板）后，经排出管道通入大气中或循环至风机。随着干燥过程的进行，湿物料质量由质量传感器记录。干燥时间由2个累时器交替计时。实验装置实物图如图4-22所示。

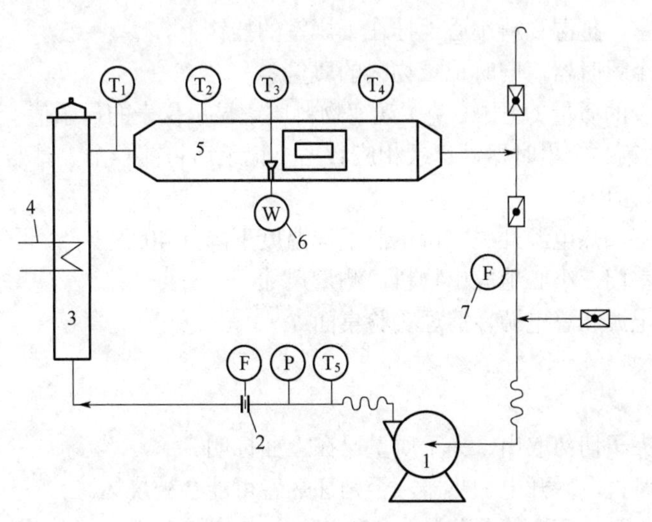

图4-21 干燥实验装置流程图

1—风机；2—孔板流量计；3—电加热器；4—电阻丝；5—干燥室；6—称重部分；7—毕托管流量计；F—流量计；T_1—电加热器后温度计；T_2—干燥室前温度计；T_3—湿球温度计；T_4—干燥室后温度计；T_5—计前温度计；P—计前压力表

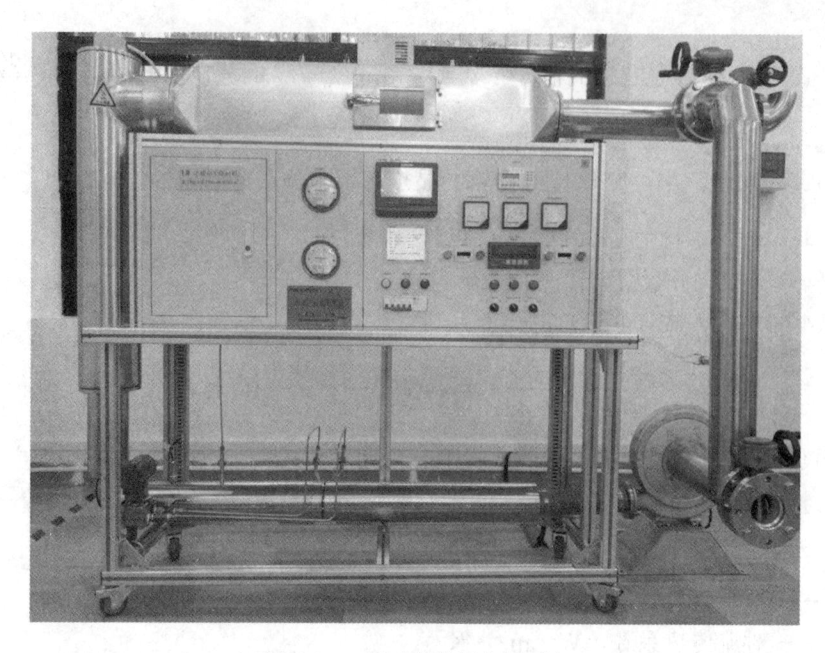

图 4-22　干燥实验装置实物照片

五、实验步骤及注意事项

1. 实验步骤

① 往干燥室背后的湿漏斗中加入一定量水。

② 开启总电源，打开仪表电源开关，等待自检完成，物料质量显示仪表。

③ 开启风机电源，待风机运行 1 分钟后，开启电加热器电源，使干燥室前干球温度达到恒定温度（约 70～75℃）。

④ 打开干燥室，把湿物料小心地挂在干燥室的挂钩上。

⑤ 启动第一个累时器，同时记录物料的质量。

⑥ 按要求减少的质量（比如 2 克）观察物料质量显示仪表的显示值，到达时按停第一个累时器，同时启动第二个累时器，记录相应数据，记录后将前一个累时器复位，如此往复进行，直至达到要求为止。

⑦ 关闭干燥室加热电源开关，待室前干球温度下降到 40℃以下，再关闭风机电源。

⑧ 打开干燥室门，小心地取出物料，测量尺寸。

⑨ 关闭仪表电源和总电源，清理实验桌面。

2. 注意事项

① 物料上的夹子切勿取出，夹子质量已在上面标明。

② 必须先开风机，后开电加热器，否则加热管可能会被烧坏。

③ 特别注意质量传感器的负荷量为 500 克，放取物料必须十分小心，绝对不能下拉，以免损坏质量传感器。

④ 实验过程中，不要拍打、碰撞装置面板，以免引起晃动，影响结果。

六、实验数据记录

实验日期：________ 实验人员：________ 装置号：________

1. 基本数据

干燥介质：________；物料尺寸：__________；物料的绝干质量：________g；
干燥室截面积：______m^2；室前干球温度：______℃；
室后干球温度：__________℃；孔板流量计空气流量：________$m^3 \cdot h^{-1}$。

2. 实验数据

将洞道干燥实验原始数据列于表 4-20 中。

表 4-20　干燥实验数据记录表

序号	湿物料质量 G_i/g	湿物料含水量 X_i /[kg（水）·kg^{-1}（绝干物料）]	湿物料平均含水量 X /[kg（水）·kg^{-1}（绝干物料）]	汽化水分量 ΔW/g	时间间隔 $\Delta\tau$/s	干燥速率 U /（$kg \cdot m^{-2} \cdot s^{-1}$）
1						
2						
3						
4						
5						
6						
7						
8						

七、实验数据处理

1. 空气物理性质的确定

流量计前空气温度 t_0：________℃；压强：________kPa；
查表求空气密度 ρ：________$kg \cdot m^{-3}$；湿空气的质量流速：________$kg \cdot m^{-2} \cdot h^{-1}$；
查图求空气的湿度 H：________kg（水）·kg^{-1}（干空气）；
恒速阶段湿球温度 t_w 下的饱和湿度________kg（水）·kg^{-1}（干空气）；t_w 下水的汽化热 r_w：________$kJ \cdot kg^{-1}$。

2. 绘制干燥速率曲线并求出临界含水量和平衡含水量。
3. 求出恒速阶段的传质系数 K_H，对结果进行分析讨论。
4. 写出实验数据处理过程计算示例。

八、思考题

1. 什么是恒定干燥条件？本实验装置中采用了哪些措施来保持干燥过程在恒定干燥条件下进行？

2. 控制恒速干燥阶段干燥速率的因素是什么？控制降速干燥阶段干燥速率的因素又是

什么？

3. 实验过程中室前干、湿球温度是否变化？为什么？如何判断实验已经结束？

4. 若加大热空气流量，干燥速率曲线有何变化？恒速干燥速率、临界含水量又如何变化？为什么？

5. 在70～80℃的空气流中干燥，经过相当长的时间，能否得到绝干物料？为什么？通常要获得绝干物料采用什么方法？

6. 测定干燥速率曲线有何意义？它对设计干燥器及指导生产有什么帮助？

7. 使用废气循环对干燥作业有什么好处？干燥热敏性物料或易变形、开裂的物料为什么多使用废气循环？怎样调节新鲜空气与废气的比例？

8. 为什么在操作过程中要先开风机送风再开电加热器？

单元操作中的化工发展史

我国谷物干燥机的发展：我国是世界上的农业大国，也是一个产粮大国，粮食的生产与安全关系到人民安居乐业和社会和谐发展。20世纪80年代前，我国在粮食生产和加工行业中还很大程度地利用自然干燥，即通过人工晾晒使粮食失水，这种办法费时费力。一些欧美国家早在20世纪50年代就已经实现了粮食干燥的机械化，而日本超过90%的谷物干燥都是依靠机械化进行。20世纪90年代开始，随着国内机械化水平的进步以及相关政策的出台，我国研发了多种形式的谷物干燥机，如滚筒式干燥机、空气干燥机、真空干燥机、组合式干燥机等。近年来发展的微波干燥机具有干燥效率高、产量高、受热均匀、污染小等优点，广泛应用于粮食干燥中。越来越多的谷物干燥机采用PLC作为控制系统的控制核心，实现了粮食干燥过程的自动控制。来自中国的农业机械在世界舞台上正发出越来越夺目的光芒。

第五章

演示实验

实验一 重力沉降

一、实验目的

观察固体颗粒在水中的沉降情况，加深粒径对重力沉降速度影响的理解。

二、实验装置及原理

重力沉降演示实验装置由 2 支装满清水的量筒组成。

悬浮在清水中的固体粉末（$MgCO_3$）在重力场的作用下，由于与流体的密度差异，发生相对运动而沉降，即重力沉降。重力沉降是初步分离最简单的方法。

重力沉降速度与颗粒粒径、流体黏度有关。根据斯托克斯公式，重力沉降速度与粒径的平方成正比，与流体黏度成反比。

三、操作演示

1. 在两支体积相同的量筒中装满清水。
2. 在量筒中分别倒入一药匙 $MgCO_3$ 粉末。
3. 观察 $MgCO_3$ 粉末在量筒中的沉降情况。
4. 在其中的一支量筒中滴入几滴聚丙烯酰胺絮凝剂，再将两支量筒中的粉末搅拌使之扬起，再次观察 $MgCO_3$ 粉末在量筒中的沉降情况，定性分析颗粒粒径对沉降速度的影响。

四、思考题

1. 重力沉降速度的主要影响因素有哪些？
2. 重力沉降适用于分离什么物系？举例说明其在工业和日常生活中有哪些应用？

实验二　离心沉降

一、实验目的

观察旋风分离器和对比模型的内部气体运行情况，加深对旋风分离器作用原理的理解。

二、实验装置及原理

旋风分离器主体上部是圆筒形，下部是圆锥形，进气管在圆筒的旁侧，与圆筒作正切连接（见图 5-1）。对比模型外形与旋风分离器相同，不同的是进气管与圆筒部分不是切向连接，而是安装在径向（见图 5-1）。

含尘气体进入旋风分离器后在分离器内做螺旋运动，颗粒在离心力的作用下被甩向壁面，分离后的颗粒沿分离器的锥形部分落入灰斗，气体则由旋风分离器顶部的排气管排走，从而达到分离的目的。如果含尘气体从对比模型的径向进入分离器，则无法进行有规则的螺旋运动，因而分离效果较差。

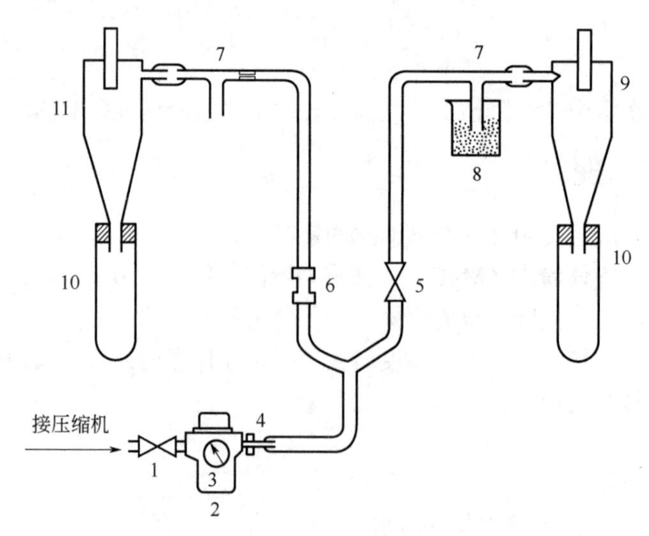

图 5-1　旋风分离器与对比模型流程图

1—总气阀；2—过滤减压阀；3—压力表；4—节流孔；5—旋塞；6—节流孔；7—抽吸器；8—煤粉杯；9—旋风分离器；10—灰斗；11—对比模型

三、操作演示

1. 在小烧杯中装入半杯煤粉。

2. 打开压缩机，由图 5-1 中的旋塞 5 调节气量，将装煤粉的小烧杯靠近图 5-1 中旋风分离器的抽吸器管口，调整好位置以便较好地观察煤粉颗粒的螺旋运动，并得到较好的气固分离效果。

3. 将煤粉杯靠近图 5-1 中对比模型的抽吸器管口，重复步骤 2，定性比较两种结构分离器分离效果的优劣。

四、思考题

1. 离心沉降速度的主要影响因素有哪些？
2. 离心沉降适用于分离什么物系？举例说明其在工业和日常生活中有哪些应用？
3. 旋风分离器进料口在结构上具有什么特点？为什么？

实验三　电除尘

一、实验目的

观察气体中的尘粒被电场吸引并被去除干净的现象。

二、实验装置

电除尘仪由玻璃管状除尘室、高压发生器、烟雾发生器等组成，见图 5-2。

高压发生器包括电源盒和感应圈。前者将 220V 交流电降压、整流，然后经继电器作用将低压直流电变为脉冲电流供给感应圈，感应圈再将电流变为高压脉冲电流。采用感应圈方式产生高压电，其主要优点是安全，因为感应圈的内阻很大，不可能提供更大的输出电流，因此，即使人体接触，由于输出电流小（人体致命电流在 30mA 以上），仅有麻电感觉而不致有生命危险。

烟雾发生器包括空气泵和有机玻璃药瓶，药瓶第一格放氨水，第二格放盐酸。当空气泵供应的空气通过第一格时，空气中即混有氨气，再经第二格时氨和盐酸反应生成白色烟状氯化铵。实验中产生的氯化铵微粒很小，仅 0.1～1μm，是理想的细尘试样。

三、实验原理

除尘管是一根玻璃管，管外绕上金属丝作为电极，管中央装一金属丝作为另一电极（电晕极），两极分别接高压正、负端。当通以高压电时，两电极间形成所谓不均匀电场，愈靠近中心处，电场愈强。当中心处电场足够大时，附近的气体电离，产生正、负离子。正离子受中心负极吸引，负离子受管壁正极吸引向管壁移动。气体中的尘粒碰上负离子时带上负电荷，尘粒也就受正电极吸引而沉降到管壁上，从而达到了除尘的目的。

实际应用时除尘管是金属管，无需绕金属丝作电极，实验室采用玻璃管是为了方便观察现象。

四、操作演示

1. 火花放电现象

当高压电极两端互相靠近时，电压将空气击穿，产生火花放电现象，如图 5-3 所示。其原理如图 5-4 所示。

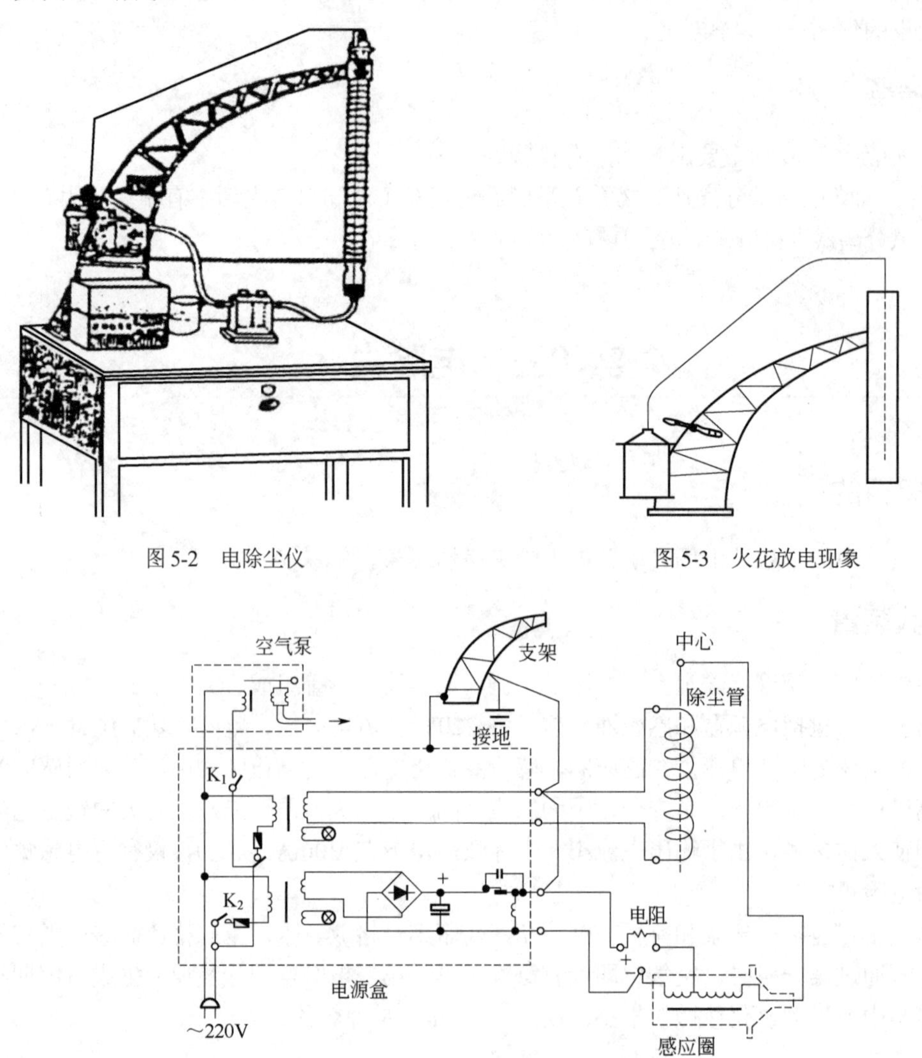

图 5-2　电除尘仪

图 5-3　火花放电现象

图 5-4　火花放电现象原理图

演示时，只合上脉冲开关（见图 5-4）K_2 让感应圈产生高压，然后用螺丝刀的金属杆先接触支架（正极），再逐步将螺丝刀刀尖移近感应圈的高压输出端（即高压负端）。当距离达到约 9mm 时，即会产生火花放电现象。火花放电的距离大小可用以估计电压的高低，如果能在 10mm 距离上产生火花放电，那么电压约 20000V。

此演示可同时作为检验仪器是否正常产生高压电的方法。演示时要注意操作顺序，螺丝刀要先接触支架再移近感应圈；如果相反，先接触感应圈就会麻手。演示完毕，关闭开关 K_2。

2. 电除尘现象

首先将药液装入药瓶，连接由空气泵通向药瓶以及由药瓶通向除尘管底部的软管。演示开始，打开空气泵电源开关，即有白烟（含有氯化铵的空气）通入除尘管，观察管内气体。由于有尘粒均匀悬浮在气流中，所以气体呈乳白色。待浑浊气体上升到管子中下部时，合上脉冲开关 K_2，让仪器产生高压，这时立即可以看到尘粒被电场吸引，附着在玻璃管内表面（即高压正极），小部分烟雾吸引在中心电极（负极）上。虽然含尘气体连续不断通入除尘管，但由于空气中的尘粒不断被电场作用并附着在玻璃管壁面，因此，管内气体变得洁净。停止通电，管内气体又恢复浑浊，再通高压电，气体中的尘粒又被净化。

电除尘器内的气流速度有一定限制，气速过大，来不及沉降的尘粒会被气流带出除尘管。这一现象也可以演示，调节空气泵旋钮，加大空气流量，就可以看到虽然已经通有高压电，但除尘管出口处仍然有部分白烟冒出，而降低气速后，又恢复正常。

五、思考题

1. 静电除尘适用于分离什么物系？举例说明其有哪些应用？
2. 静电除尘的原理是什么？

实验四　边界层与边界层分离

一、实验目的

通过观察流体流经固体壁面所产生的边界层及边界层分离的现象，加强对边界层的感性认识。

二、实验原理

边界层仪由点光源、模型和屏组成（见图 5-5）。模型被加热后壁面附近的空气自下而上作对流运动，模型壁面上存在着层流边界层。因为层流边界层几乎不流动，传热状况较差，层内温度接近模型壁面温度而远高于周围空气的温度，由于温度差引起空气的密度差，从而产生升力使空气形成对流运动。同时，由于边界层内气体的密度与边界层外气体的密度不同，则折射率也不同，利用折射率的差异可以观察边界层。用热电偶测模型壁面温度达 350℃。文献指出，气体对光的折射率有下列关系

$$\frac{n-1}{\rho}=\text{恒量}$$

式中　n——气体折射率；

　　　ρ——气体密度。

如图 5-6 所示，灯泡的光线从离模型几米远的地方射向模型，以很小的入射角 i 射入边界层。如果光线不偏折，应投到 b 点，但现在由于高温空气折射率不同，光线产生偏折，出射角大于入射角。射出光线在离开边界层时再产生一些偏折后投射到 a 点，在 a 点上原来已经有背景的投射光，加上偏折的折射光后就显得特别明亮，无数亮点组成图形，反映出边界层的形状。此外，原投射位置（b 点）因为得不到投射光线，所以显得较暗，形成暗区，这个暗区也是边界层折射现象引起的，因此也代表边界层的形状。

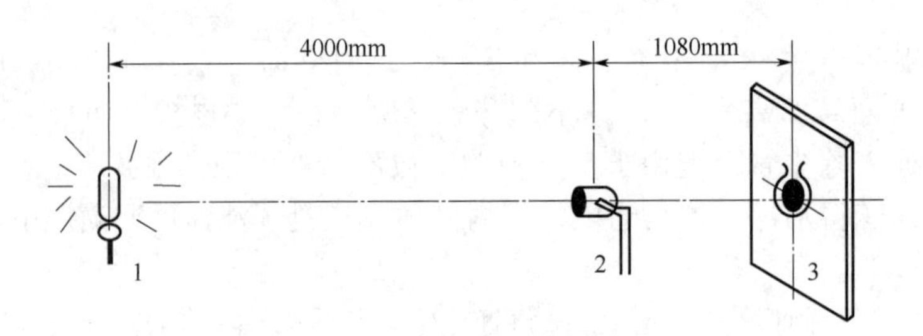

图 5-5　边界层仪

1—点光源；2—模型；3—屏

三、操作演示

由边界层仪可以清楚地显示流体流经圆柱体的层流边界层形状，如图 5-6 所示。圆柱底部由于气体动压的影响，边界层最薄。愈往上部，边界层愈厚，最后产生边界层分离，形成旋涡。边界层仪还可演示边界层的厚度随流体速度的增加而减薄的现象。对着模型吹气，就会看到迎风一侧边界层影像的外沿退到模型壁上，表示边界层厚度减薄。

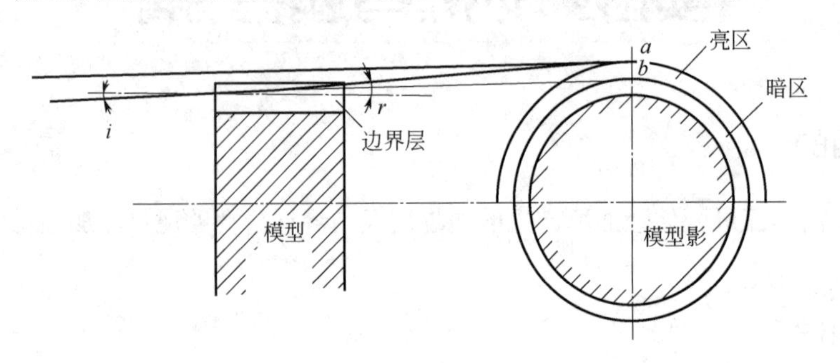

图 5-6　光线折射图

四、思考题

1. 什么是边界层分离现象？产生边界层分离的原因是什么？
2. 边界层分离对流体流动有什么影响？

第六章

3D 实验仿真

运用仿真实验的计算技术和图像技术，可以方便、形象地再现实验教学装置、实验过程和实验结果，学生在实验课前就可以在计算机上进行模拟实验并看到实验的预期结果，以便对实验内容进行充分的预习。

本章使用的化工原理实验仿真软件，是集华南理工大学化工原理教研室教师多年的实验教学经验和浙江中控科教仪器设备有限公司丰富的仿真技术于一体，联合开发而成，并取得了良好的教学效果。

下面主要介绍该软件的使用。点击化工原理 3D 仿真软件，可出现如图 6-1 所示的实验项目画面。选定实验项目后，点击“启动项目”即可启动实验。

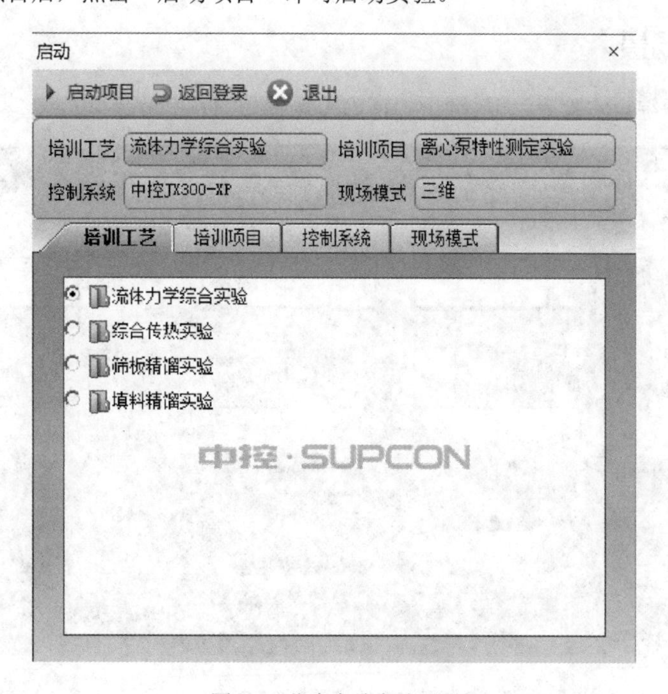

图 6-1　仿真实验启动画面

实验一　流体力学综合实验仿真

一、DCS 监控界面

启动流体力学综合实验后，其进入的 DCS 监控界面如图 6-2 所示。

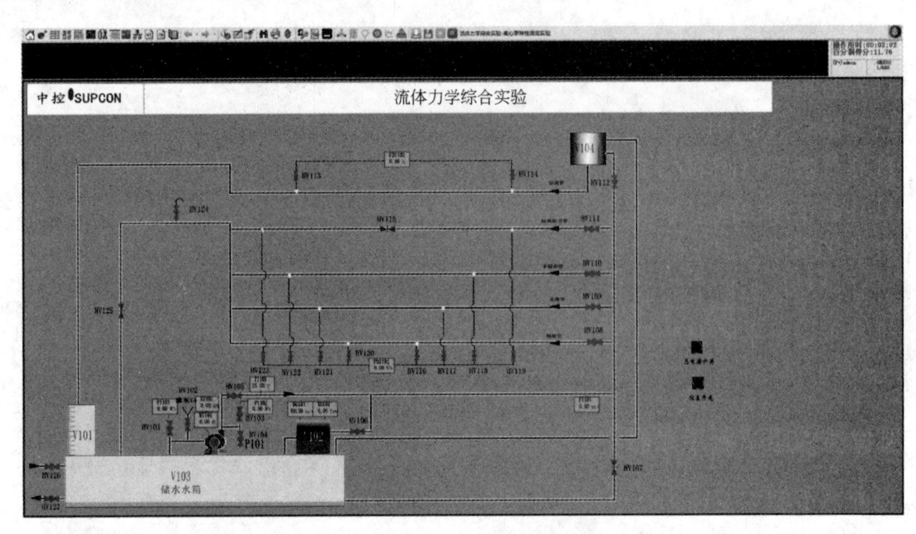

图 6-2　流体力学综合实验 DCS 监控界面

二、3D 虚拟场景

进入流体力学综合实验后，可看到的 3D 虚拟场景如图 6-3 所示。

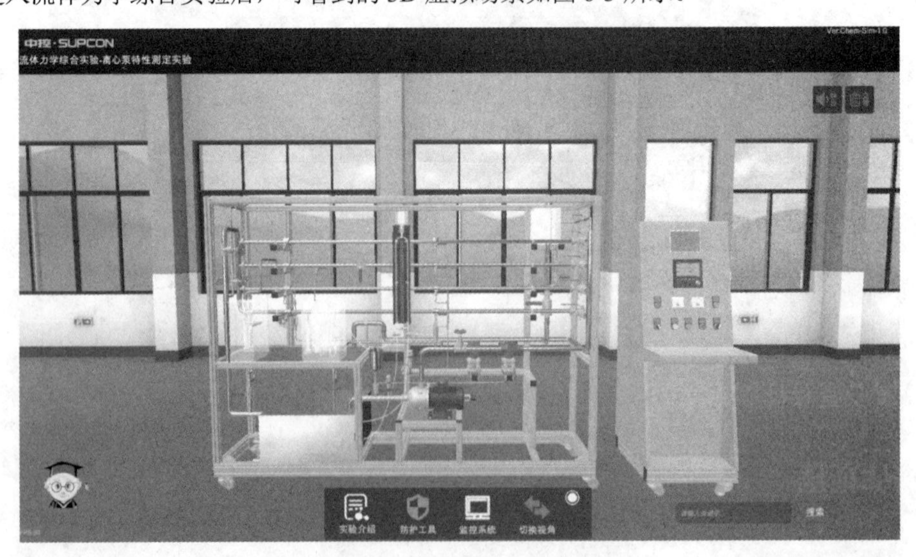

图 6-3　流体力学综合实验 3D 虚拟场景

三、操作规程

1. 离心泵特性测定实验

① 打开仪表控制柜上的总电源开关。

② 打开仪表控制柜上的仪表电源开关，仪表通电预热，观察仪表显示是否正常。

③ 打开水槽进水阀 HV126，向水槽 V101 内加水，至其容积的 3/4 左右。

④ 打开离心泵灌水阀 HV102 和离心泵出口管路排净阀 HV104，向离心泵内灌水，直到水从离心泵出口管路排净阀 HV104 后流出，代表离心泵充满水（即水泵内的气体排净）。

⑤ 灌泵结束后，关闭离心泵灌水阀 HV102，关闭离心泵出口管路排净阀 HV104。

⑥ 打开泵进出口压力表根部阀 HV101 和 HV103，观察仪表是否正常。

⑦ 在仪表控制柜上启动离心泵 P101，打开切断阀 HV107，保证离心泵后管路畅通。

⑧ 当泵转速达到 $2800r \cdot min^{-1}$ 后，逐步打开泵出口阀 HV105。

⑨ 通过调节泵出口阀 HV105 的开度以增大流量，测取流量为 $1m^3 \cdot h^{-1}$、$2m^3 \cdot h^{-1}$、$3m^3 \cdot h^{-1}$、$4m^3 \cdot h^{-1}$、$5m^3 \cdot h^{-1}$、$6m^3 \cdot h^{-1}$ 时的参数，待各仪表读数显示稳定后，读取相应数据。

⑩ 关闭泵出口阀 HV105，在仪表控制柜上关闭离心泵 P101。

⑪ 关闭仪表电源开关。

⑫ 切断总电源，清理实验设备。

2. 流体流动阻力测定实验

（1）实验准备

① 打开水槽进水阀 HV126，向水槽 V101 内加水，至其容积的 3/4 左右。

② 打开仪表控制柜上的总电源开关。

③ 打开仪表控制柜上的仪表电源开关，仪表通电预热，观察仪表显示是否正常。

④ 打开泵进出口压力表根部阀 HV101 和 HV103，观察仪表是否正常。

⑤ 打开管路出口阀 HV125。

⑥ 启动离心泵 P101。

⑦ 打开泵出口阀 HV105。

（2）粗糙管特性实验

① 待电机转动平稳后选择实验管路——粗糙管，打开粗糙管进口阀 HV108，打开对应的进出口压力阀 HV116、HV120，保持全流量流动 10～15min。

② 调节管路出口阀 HV125 开度，调节流量达到一定值（流量在 $0.3m^3 \cdot h^{-1}$ 到 $5m^3 \cdot h^{-1}$ 范围内变化），保持此流量 10～15min，观察流量和管道压差，数据基本稳定时，进行下一组实验。

③ 关闭粗糙管进口阀 HV108，关闭对应的进出口压力阀 HV116、HV120。

（3）光滑管特性实验

① 待电机转动平稳后选择实验管路——光滑管，打开光滑管进口阀 HV109，打开对应的进出口压力阀 HV117、HV121，保持全流量流动 10～15min。

② 调节管路出口阀 HV125 开度，调节流量达到一定值（流量在 $0.3m^3 \cdot h^{-1}$ 到 $5m^3 \cdot h^{-1}$ 范围内变化），保持此流量 10～15min，观察流量和管道压差，数据基本稳定时，进行下一组实验。

③ 关闭光滑管进口阀 HV109，关闭对应的进出口压力阀 HV117、HV121。

（4）非圆形管特性实验

① 待电机转动平稳后选择实验管路——非圆形管，打开非圆形管进口阀 HV110，打开对应的进出口压力阀 HV118、HV122，保持全流量流动 10～15min。

② 调节管路出口阀 HV125 开度，调节流量达到一定值（流量在 $0.3m^3 \cdot h^{-1}$ 到 $5m^3 \cdot h^{-1}$ 范围内变化），保持此流量 10～15min，观察流量和管道压差，数据基本稳定时，进行下一组实验。

③ 关闭非圆形管进口阀 HV110，关闭对应的进出口压力阀 HV118、HV122。

（5）局部阻力管特性实验

① 待电机转动平稳后选择实验管路——局部阻力管，打开局部阻力管进口阀 HV111，打开阀门 HV115，打开对应的进出口压力阀 HV119、HV123，保持全流量流动 10～15min。

② 调节管路出口阀 HV125 开度，调节流量达到一定值（流量在 $0.3m^3 \cdot h^{-1}$ 到 $5m^3 \cdot h^{-1}$ 范围内变化），保持此流量 10～15min，观察流量和管道压差，数据基本稳定时，进行下一组实验。

③ 关闭局部阻力管进口阀 HV111，关闭阀门 HV115，关闭对应的进出口压力阀 HV119、HV123。

（6）层流管特性实验

① 待电机转动平稳后选择实验管路——层流管，打开层流管进口阀 HV112，打开对应的进出口压力阀 HV113、HV114，保持全流量流动 10～15min。

② 调节泵出口阀 HV105 开度，控制进料流量 $0.3m^3 \cdot h^{-1}$，控制高位槽液位几乎无波动，全开层流管路特性阀，观察倒 U 形压差计的压差，防止超压。

③ 实验开始时，将层流出口管路出口切换到计量水桶，同时按下秒表计时，观察玻璃倒 U 形压差计的压差，记录计量水桶体积、秒表时间以及倒 U 形压差计压差。观察流量和管道压差，数据基本稳定时，进行下一组实验。

④ 关闭层流管进口阀 HV112，关闭对应的进出口压力阀 HV113、HV114。

（7）密度和黏度特性实验

① 打开泵出口阀 HV105 和特性阀 HV106。

② 实验分别进行 5～10min、10～20min、20～30min，记录温度，测量密度值，测量黏度值。

（8）实验结束

① 关闭泵出口阀 HV105，在仪表控制柜上关闭离心泵 P101。

② 关闭仪表电源开关。

③ 切断总电源，清理实验设备。

实验二　综合传热实验仿真

一、DCS 监控界面

启动综合传热实验后，其进入的 DCS 监控界面如图 6-4 所示。

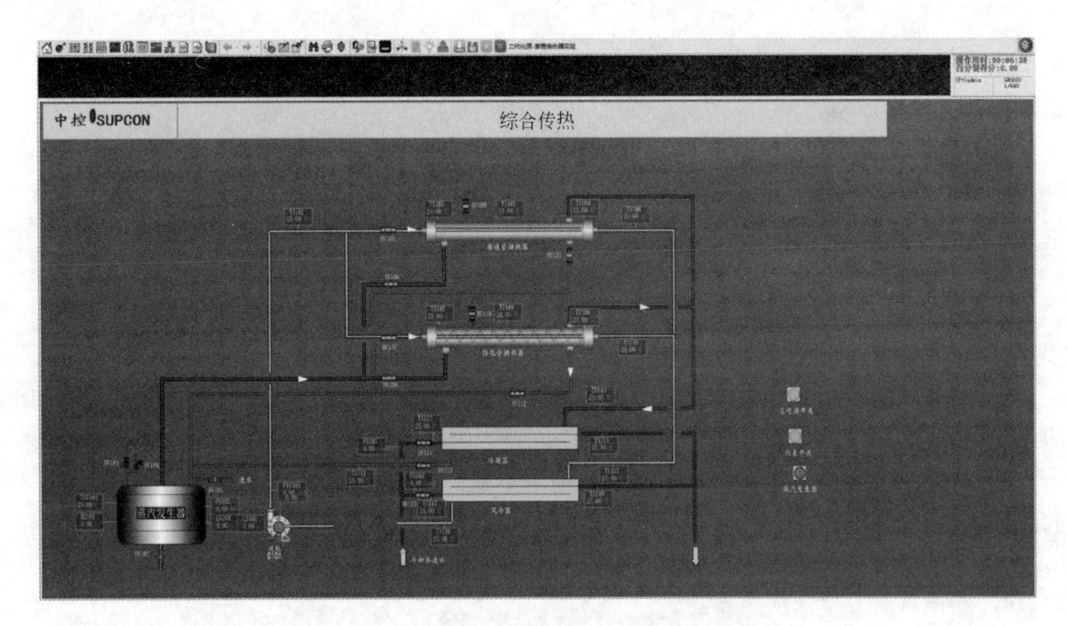

图 6-4　综合传热实验 DCS 监控界面

二、3D 虚拟场景

进入综合传热实验后，可看到的 3D 虚拟场景如图 6-5 所示。

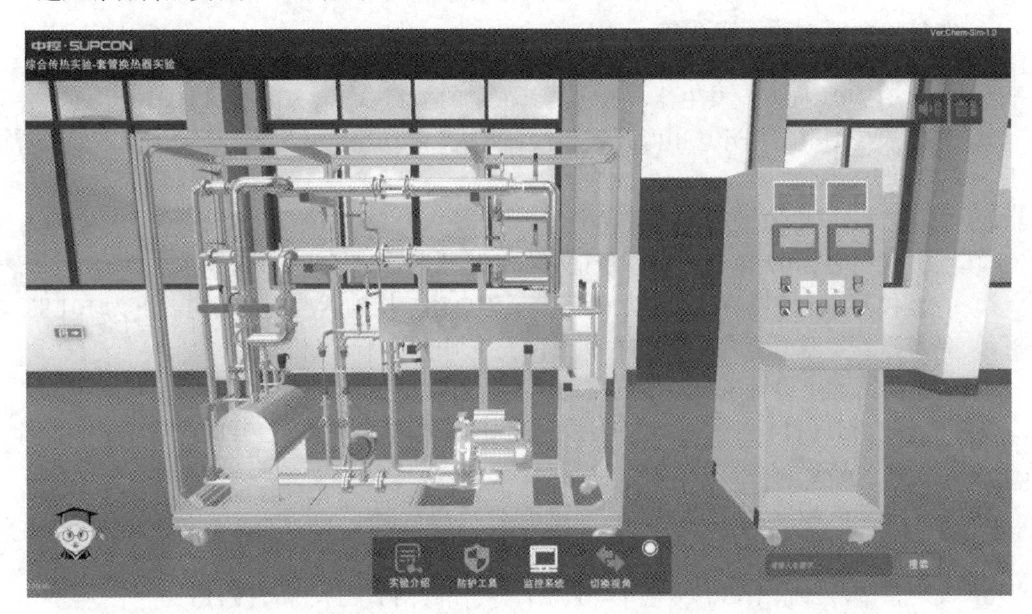

图 6-5　综合传热实验 3D 虚拟场景

三、操作规程

1. 套管换热器实验（光滑管）

① 通过 HV101 向蒸汽发生器内加水至其液位的 1/2～3/4，关闭阀门 HV101。

② 在仪表控制柜上打开总电源开关和仪表开关，启动蒸汽发生器加热系统，在监控界面上加热开度设为50%。

③ 5min后，可将加热开度调到100%。

④ 打开普通管蒸汽进口阀HV106、普通管空气进口阀HV105，保证普通管换热器管路畅通。

⑤ 在监控界面上将蒸汽发生器加热系统调为自动，控制蒸汽发生器内温度为101.8℃。

⑥ 待蒸汽发生器内温度高于95℃，在仪表控制柜上启动风机C101。

⑦ 在监控界面上设置风机流量为自动，最大流量为$75m^3 \cdot h^{-1}$。

⑧ 打开阀门HV114和HV115，向冷凝器和风冷器进冷却水，打开阀门HV113，冷却水流量大概为$9L \cdot min^{-1}$。

⑨ 待冷空气出口温度稳定（2～5min 基本不变），记录普通管换热器进出口温度、空气的流量、冷凝器和风冷器进出口温度以及冷却水流量。

⑩ 调节空气的流量$10 \sim 75m^3 \cdot h^{-1}$，记录5～7组数据。

⑪ 停止蒸汽发生器加热系统。

⑫ 待冷凝器冷却水出口温度低于40℃后，关闭阀门HV114和HV115。

⑬ 关闭风机C101的开关。

⑭ 关闭仪表电源开关。

⑮ 切断总电源，清理实验设备。

2. 套管换热器实验（强化管）

① 通过HV101向蒸汽发生器内加水至其液位的1/2～3/4，关闭阀门HV101。

② 在仪表控制柜上打开总电源开关和仪表开关，启动蒸汽发生器加热系统，在监控界面上加热开度设为50%。

③ 5min后，可将加热开度调到100%。

④ 打开阀门HV107和HV108，保证强化管换热器管路畅通。

⑤ 在监控界面上将蒸汽发生器加热系统调为自动，控制蒸汽发生器内温度为101.8℃。

⑥ 待蒸汽发生器内温度高于95℃，在仪表控制柜上启动风机C101。

⑦ 在监控界面上设置风机流量为自动，流量为$35m^3 \cdot h^{-1}$。

⑧ 打开阀门HV114和HV115，向冷凝器和风冷器进冷却水，打开阀门HV113，冷却水流量大概为$9L \cdot min^{-1}$。

⑨ 调节空气的流量$10 \sim 35m^3 \cdot h^{-1}$，记录3～5组数据。

⑩ 停止蒸汽发生器加热系统。

⑪ 待冷凝器冷却水出口温度低于40℃后，关闭阀门HV114和HV115。

⑫ 关闭风机C101的开关。

⑬ 关闭仪表电源开关，切断总电源，清理实验设备。

3. 冷凝器实验

重复套管换热器实验（光滑管）步骤①～⑧。测定冷凝器传热系数，待冷凝器蒸汽进出口温度、冷凝器冷却水进出口温度稳定（2～5min 基本不变），记录温度和流量。改变冷却水流量，记录2～4组数据。重复套管换热器实验（光滑管）步骤⑪～⑮关闭实验设备。

实验三　筛板精馏实验仿真

一、DCS 监控界面

启动筛板精馏实验后，其进入的 DCS 监控界面如图 6-6 所示。

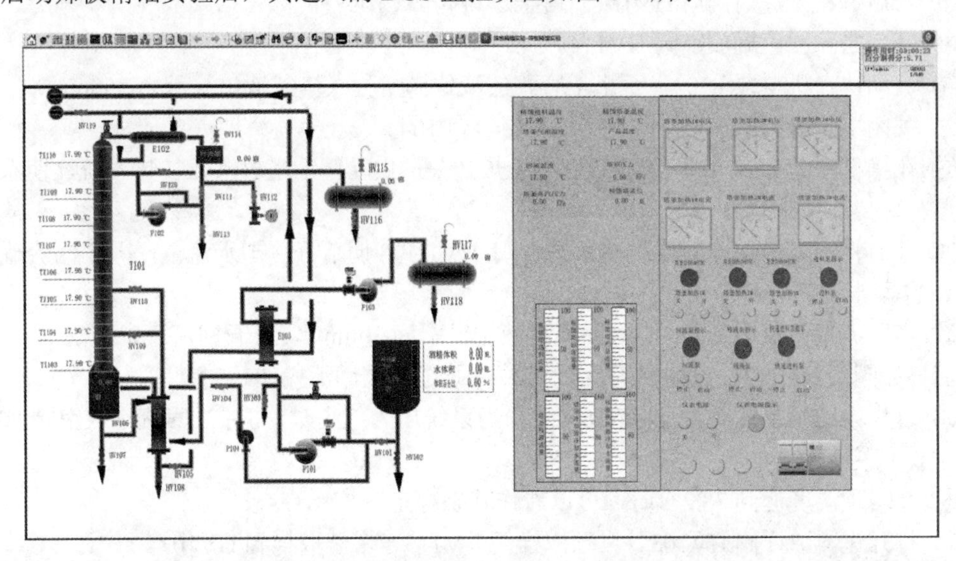

图 6-6　筛板精馏实验 DCS 监控界面

二、3D 虚拟场景

进入筛板精馏实验后，可看到的 3D 虚拟场景如图 6-7 所示。

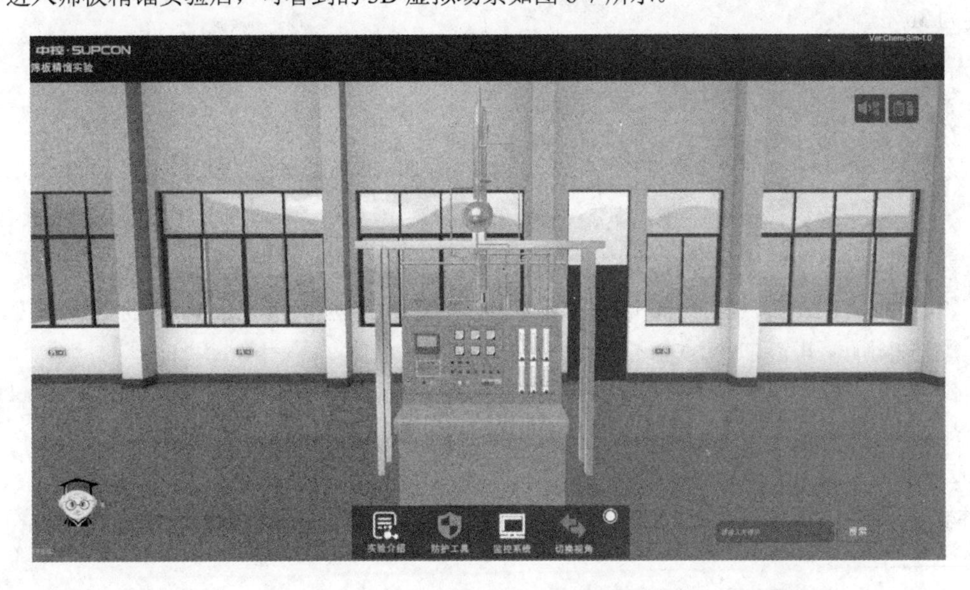

图 6-7　筛板精馏实验 3D 虚拟场景

三、操作规程

① 打开操作台上的总电源开关。

② 打开操作台上的仪表电源开关，仪表通电预热，观察仪表显示是否正常。

③ 检查各阀门位置，确认关闭原料槽、原料加热器和塔釜排污阀 HV102、HV107、HV108，塔釜出料阀 HV106，回流罐出口阀 HV111。

④ 配制乙醇体积为 130mL，水体积为 300mL 的乙醇体积分数约为 30%的原液。

⑤ 开启进料泵进口阀门 HV101，塔釜进料阀 HV104。

⑥ 开启塔顶回流罐放空阀 HV114。

⑦ 启动快速进料泵 P104，至塔釜容积的液位满量程（塔釜液位显示为 250mm）。

⑧ 关闭塔釜进料阀 HV104，停快速进料泵 P104。

⑨ 在操作台上打开 1#、2#、3#塔釜加热开关，启动精馏塔再沸器加热系统，使系统缓慢升温。

⑩ 开启精馏塔塔顶冷凝器冷却水进水阀 HV119，调节好冷却水流量，关闭回流罐放空阀 HV114。

⑪ 当回流罐液位达到 1/3 时（回流罐液位显示为 30mm），打开回流罐出口阀 HV111 和回流流量计阀门 HV112，启动回流泵 P102，系统进行全回流操作。

⑫ 过程中控制系统压力稳定在 6.6kPa，当系统压力偏高时，可通过回流罐放空阀 HV114 适当排放不凝性气体。

⑬ 待塔顶温度达到 78.2℃时，可以看作状态稳定。

⑭ 打开进料取样阀 HV103、塔顶取样阀 HV113、塔釜取样阀 HV107。

⑮ 点击“采集数据”按钮取相应部位的样品，用乙醇比重计分析乙醇含量。

⑯ 关闭进料取样阀 HV103、塔顶取样阀 HV113、塔釜取样阀 HV107。

⑰ 开启产品进料阀（HV109、HV110 二选一），启动进料泵 P101。

⑱ 打开塔釜出料阀 HV106、HV105，启动釜液泵 P103，产品出口流量控制阀 HV120 开度为 30%。

⑲ 将产品流量控制在 $4m^3 \cdot h^{-1}$ 左右，原料预热后进入精馏塔。

⑳ 关闭两个塔釜加热开关，控制塔釜温度稳定在 92℃左右。

㉑ 调整塔顶产品出料阀，控制回流罐液位稳定。

㉒ 待系统稳定后，打开进料取样阀 HV103、塔顶取样阀 HV113、塔釜取样阀 HV107。

㉓ 点击“采集数据”按钮采集实验数据。

㉔ 关闭进料取样阀 HV103、塔顶取样阀 HV113、塔釜取样阀 HV107。

㉕ 系统停止加料，关闭进料泵进口阀门 HV101、塔釜进料阀 HV104，停进料泵 P101。

㉖ 关闭所有塔釜加热开关，停止加热。

㉗ 当塔顶温度下降至 40℃，无冷凝液馏出后，关闭塔顶冷凝器冷却水进水阀 HV119，停冷却水。

㉘ 关闭回流泵 P102，关闭回流罐出口阀 HV111。

㉙ 再沸器内液体冷却至低于 40℃后，打开塔釜排污阀 HV108、釜液罐排污阀 HV118，排空釜液。

㉚ 关闭仪表电源开关。

㉛ 切断总电源，清理实验设备。

实验四　填料精馏实验仿真

一、DCS 监控界面

启动填料精馏实验后，其进入的 DCS 监控界面如图 6-8 所示。

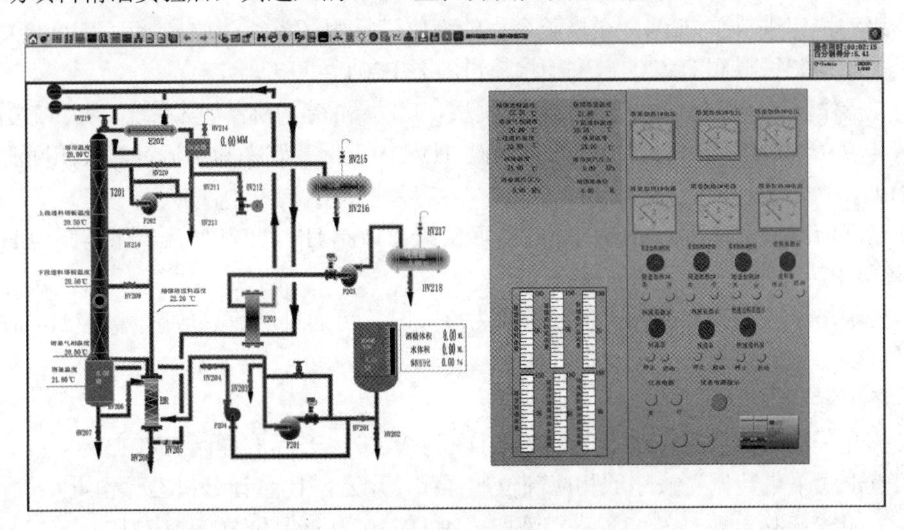

图 6-8　填料精馏实验 DCS 监控界面

二、3D 虚拟场景

进入的填料精馏实验 3D 虚拟场景如图 6-9 所示。

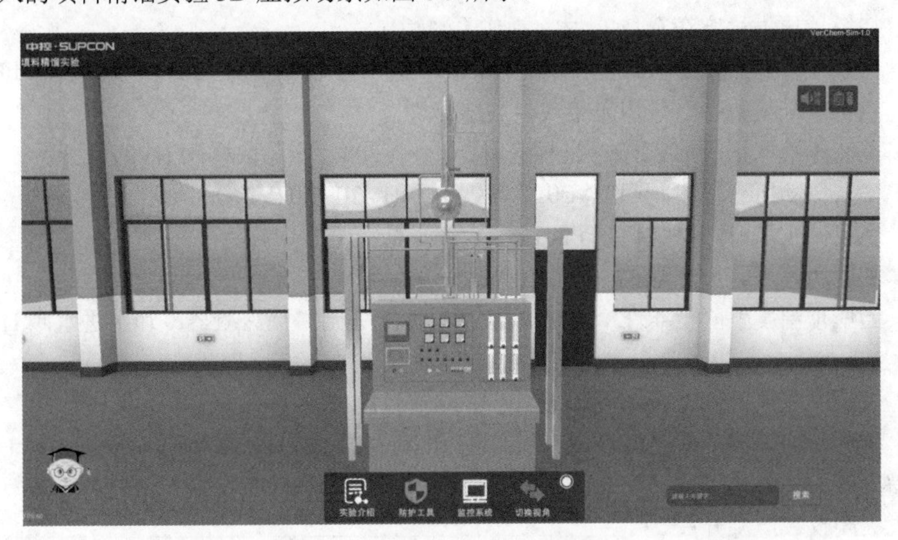

图 6-9　填料精馏实验 3D 虚拟场景

三、操作规程

① 打开操作台上的总电源开关。

② 打开操作台上的仪表电源开关，仪表通电预热，观察仪表显示是否正常。

③ 检查各阀门位置，确认关闭原料槽、原料加热器和塔釜排污阀 HV202、HV207、HV208，塔釜出料阀 HV206，回流罐出口阀 HV211。

④ 按乙醇体积为 130mL、水的体积为 300mL 配制原料液，加到原料槽。

⑤ 开启进料泵进口阀门 HV201，塔釜进料阀 HV204。

⑥ 开启塔顶回流罐放空阀 HV214。

⑦ 启动快速进料泵 P204，至塔釜容积的液位满量程（塔釜液位显示为 250mm）。

⑧ 关闭塔釜进料阀 HV204，关闭快速进料泵 P204。

⑨ 在操作台上打开 1#、2#、3#塔釜加热开关，启动精馏塔再沸器加热系统，使系统缓慢升温。

⑩ 开启精馏塔塔顶冷凝器冷却水进水阀 HV219，调节好冷却水流量，关闭回流罐放空阀 HV214。

⑪ 当回流罐液位达到 10mm 时，打开回流罐出口阀 HV211 和回流流量计阀门 HV212，启动回流泵 P202，系统进行全回流操作。

⑫ 控制塔釜压力为 0.9kPa，当系统压力偏高时，可通过回流罐放空阀 HV214 适当排放不凝性气体。

⑬ 塔顶温度到达 78℃左右时，视为系统状态已稳定。

⑭ 打开釜液取样阀 HV207、进料液取样阀 HV203、产品取样阀 HV213。

⑮ 点击“采集数据”按钮取相应部位的样品，用乙醇比重计分析乙醇含量。

⑯ 关闭釜液取样阀 HV207、进料液取样阀 HV203、产品取样阀 HV213。

⑰ 开启产品进料阀（HV209、HV210 二选一），启动进料泵 P201，原料预热后进入精馏塔。

⑱ 全开塔釜出料阀 HV206、HV205，启动釜液泵 P203。

⑲ 关闭两个塔釜加热开关，使塔顶温度缓慢上升至 78℃左右。

⑳ 打开产品流量调节阀 HV220，开度设置为 50%，使得产品流量约为 $6m^3 \cdot h^{-1}$。

㉑ 待塔顶压力稳定在 0.1kPa 时，视作系统稳定。

㉒ 待系统稳定后，打开釜液取样阀 HV207、进料液取样阀 HV203、产品取样阀 HV213。

㉓ 点击“采集数据”按钮采集实验数据。

㉔ 关闭釜液取样阀 HV207、进料液取样阀 HV203、产品取样阀 HV213。

㉕ 确认关闭所有进料阀门 HV201、HV204、HV209、HV210。

㉖ 系统停止加料，停进料泵 P201。

㉗ 关闭所有塔釜加热开关，停止加热。

㉘ 当塔顶温度下降至 40℃，无冷凝液馏出后，关闭塔顶冷凝器冷却水进水阀 HV219，停冷却水。

㉙ 关闭回流泵 P202，关闭回流罐出口阀 HV211。

㉚ 再沸器内液体冷却至低于 35℃后，打开塔釜排污阀 HV208、釜液罐排污阀 HV218，排空釜液。

㉛ 关闭仪表电源开关。

㉜ 切断总电源，清理实验设备。

第七章

提高和研究型实验

实验一　化工管路拆装及运行训练

一、实验目的

1. 了解化工流程的基本组成。
2. 掌握化工设备及管道的基本安装方法。
3. 熟练掌握紧固件及常用工具的使用方法。
4. 建立对化工装置的感性认识，为后续课程打下基础。

二、实验内容

1. 认识常用管子的型号及用途。
2. 认识常用管件的种类及用途，掌握其拆装方法。
3. 认识常用的管路元器件，如阀门、管路检测设备、液位检测设备、压力检测设备等。通过学习，熟识这些元器件，掌握其用途、适用场所、拆装方法。
4. 了解管子的连接方法、特点、使用场合等。
5. 对装置进行现场制图，通过三视图表达管路走向、管路器件。
6. 掌握各种工具的正确使用。

三、化工装置基础知识

1. 化工装置基本组成

典型的化工装置由化工单元设备、连接管道和自动控制单元组成。按照功能不同，可将单元设备分为化学反应、混合物分离、能量交换、物料贮存和流体输送等基本类型。单元设备通过管道连接，通过阀门完成启闭或流量调节。自动控制单元可替代操作人员对流量、温度、压力、物位等变量进行指示、控制、记录、报警等操作。

2. 化工装置安装基本程序

新建装置的安装通常按以下顺序进行：设备就位、调校，利用设备上的鞍座、耳座、支座等部件，通过焊接（不可拆卸）和螺栓（可拆卸）将其固定在基础、支架或其他设备上；按照工艺流程图和管道布置图的要求进行管道连接，在适当的位置安装阀门、视镜、过滤器等管道附件；管道吹扫；试水试压。完成各种检测和审批环节后，方可投料生产。

3. 管道连接方式

管道的连接方式有固定式和活动式两种。

固定式连接用于不需要拆卸的管道，其连接强度高，不易泄漏，是化工管道的主要连接方式。对于金属管道，固定式连接主要采用焊接。

活动式连接主要有法兰连接、螺纹连接、卡箍连接和承插连接，如图 7-1 所示。

(a) 法兰连接　(b) 螺纹连接

(c) 卡箍连接　(d) 承插连接

图 7-1　管道的活动式连接

法兰连接是化工装置中管道活动连接的主要形式。使用时，将需要连接的管口两端分别连接（主要为焊接）在一对法兰上，法兰间加垫片，通过紧固件将两片法兰收紧，即完成连接。法兰连接的优点是施工方便，拆装容易，密封性好，承压能力强。

4. 常用阀门

（1）截止阀

截止阀如图 7-2 所示。流体由阀瓣下方向上流经阀瓣与阀座间的环形空间进入阀瓣上部，由出口通道流出。可以通过手轮转动阀杆，带动阀瓣升降以改变环形空间，从而改变流体的流动阻力，来达到调节流量的目的。截止阀有着优越的调节流量功能，适用于气体、各类液体，但不适用于有固体颗粒或高黏度流体。截止阀可以在任意位置安装，但流体的流向应与阀门要求一致。

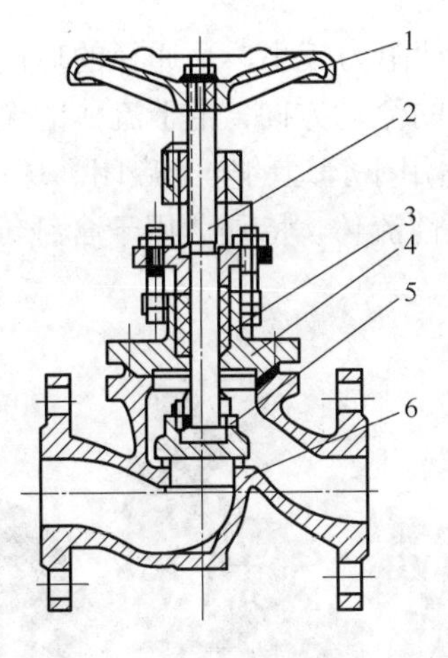

图 7-2　截止阀

1—手轮；2—阀杆；3—填料函；4—阀盖；5—阀瓣；6—阀座

（2）闸阀

闸阀通过一块与流体流动方向相垂直的闸板的启闭完成开启和关闭功能，如图 7-3 所示。闸阀全开时，闸板可以完全升起进入阀体内，这时流体通道与直通管道一致，可大大降低流体通过阀门的阻力。当闸阀部分开启时，虽可起到流量调节作用，但流体会在闸板后产生涡流，易引起闸板的侵蚀和振动，也易损坏阀体和密封面。因此，闸阀只用作启闭型阀门，而不用作流量调节。闸板随阀杆一起作直线运动的闸阀，称为明杆闸阀。当明杆闸阀开启时，阀杆也上升，故可从阀杆位置粗略判断阀门的启闭状态。在安装时，必须为阀杆的运动留出足够的空间。阀杆不随闸板升降的称为暗杆闸阀或旋转杆闸阀。

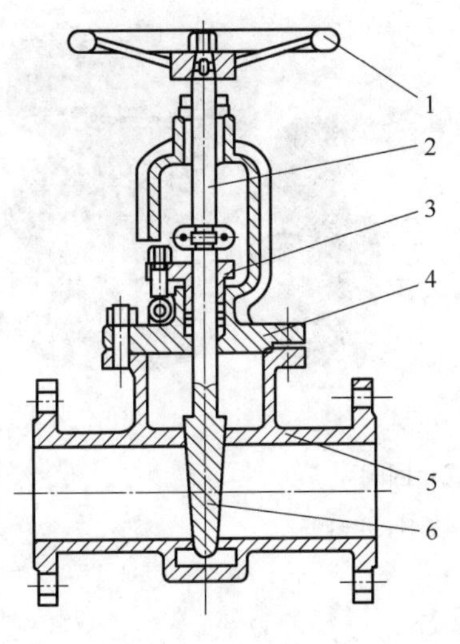

图 7-3　闸阀

1—手轮；2—阀杆；3—填料函；4—阀盖；5—阀体；6—闸板

（3）球阀

球阀（见图 7-4）的启闭件为固定在阀杆上的球体，球体中间有供流体流动的通道，当球体绕轴线旋转 90°时阀门完成启闭。球阀的流动阻力较小，全通径的球阀在全开时基本没有流阻。球阀主要用于切断、分配和改变介质的流动方向，用于流体的调节与控制时要慎重。由于球阀可快速启闭，且密封性能好，适用于管道的安全启闭。球阀可用于水、酸、油品和天然气等一般介质，也适用于浆液和黏性流体，特别适用于含纤维、微小固体颗粒的介质。

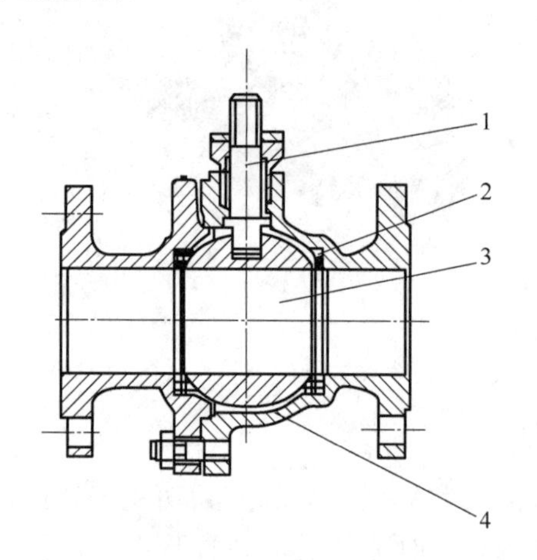

图 7-4　球阀

1—阀杆；2—密封圈；3—球体；4—阀体

（4）止回阀

止回阀用于保证流体在管道中的单一流向，当流体顺流时开启，逆流时关闭。图 7-5 为旋启式止回阀，此外还有升降式止回阀。使用时一定要注意阀门的流向，以免装反。

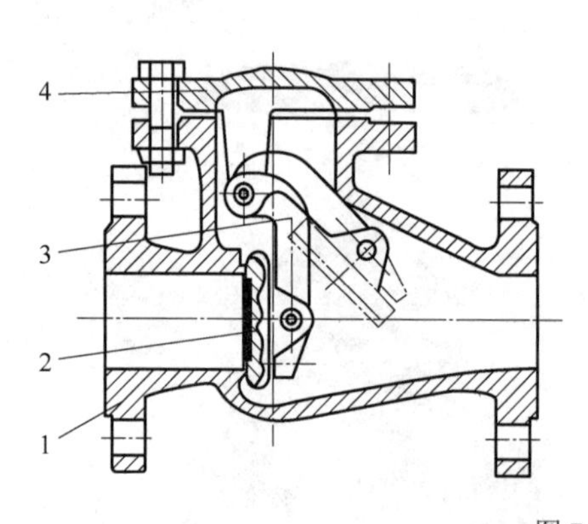

图 7-5　旋启式止回阀

1—阀体；2—阀瓣；3—摇杆；4—阀盖

（5）安全阀

安全阀在系统工作压力超过给定值时即自动开启，使流体外泄，当压力恢复正常后又自动关闭，以保证系统正常操作。常用的有弹簧式安全阀。

四、化工管路拆装装置简图

本实验采用的化工管路拆装装置简图如图 7-6 所示，实物图如图 7-7 所示。

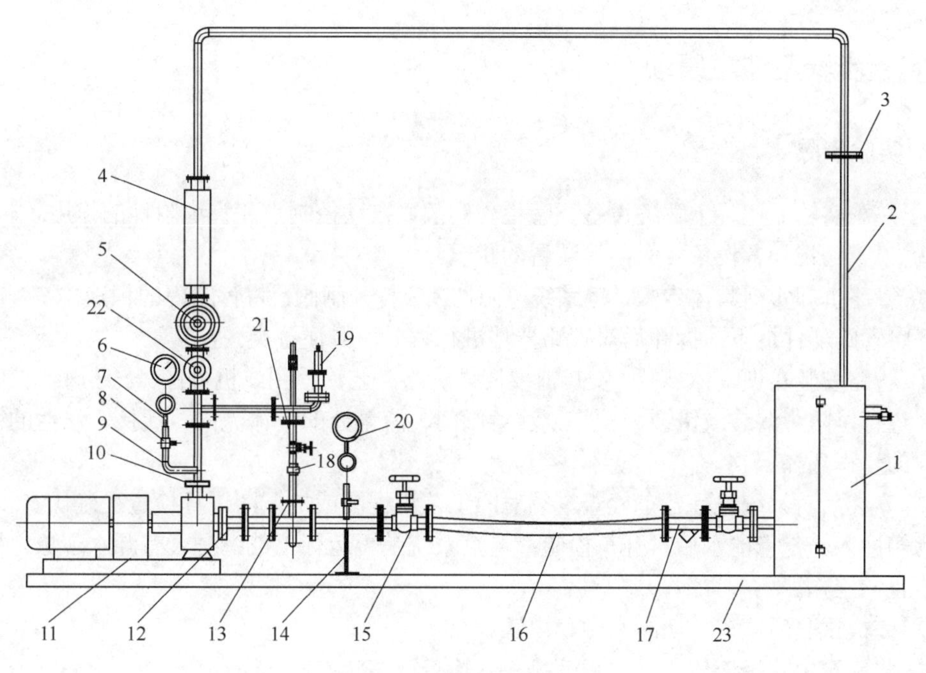

图 7-6　管路拆装装置简图

1—水箱；2—不锈钢抛光管（Φ45mm×3mm）；3—不锈钢法兰（*DN*40）；4—玻璃转子流量计；5—不锈钢截止阀（48mm 两端法兰）；6—压力表（0～0.4MPa）；7—不锈钢缓冲管；8—13mm 铜球阀；9—13mm 不锈钢抛光焊接弯头；10—不锈钢法兰（*DN*32）；11—水泵；12—不锈钢法兰（*DN*50）；13—不锈钢法兰（*DN*25）；14—支架；15—不锈钢闸阀（*DN*50 两端法兰）；16—不锈钢软管（*DN*50 两端法兰）；17—不锈钢过滤阀（*DN*50 两端法兰）；18—不锈钢活接（33mm 两头内丝）；19—弹簧式安全阀（33mm 两端法兰）；20—压力表接头；21—铜闸阀（33mm）；22—不锈钢单向阀（48mm 两端法兰）；23—垫板

图 7-7　管路拆装装置实物照片

五、实验步骤及注意事项

1. 实验步骤

① 熟悉实验流程，了解各设备、管道、阀门、自动控制点和管道附件的作用。

② 检查、记录各设备、阀门等装置的状况。

③ 管路拆卸实训具体步骤：将系统电源切断；打开闸阀，将管路内的积液排空；参照一定顺序将管路器件拆下；拆卸后对管路器件进行编号，方便分类。

④ 管路安装实训具体步骤：安装前要读懂管路工艺流程图或机械图。安装时要按照一定的顺序进行，防止漏装或错装，须特别注意阀门、流量计的液体流向，活接、法兰的密封，压力表的量程选择。

⑤ 安装后对系统进行开车检查，须对照工艺流程图或机械图进行检查，确认安装无误；先向水箱注入一定量的水后再开车检验；检查系统是否运行正常、是否有漏水现象；检查仪表是否正常工作。

⑥ 完成试验后停车，切断水源、电源。

⑦ 将水箱中剩余液体、管路积液排空，检查设备状态。

⑧ 将工具放置回工具架，确认安全后结束实训。

2. 注意事项

① 着装要求：穿军训服，不能穿露脚趾的鞋。实训时，须佩戴棉纱手套、安全帽，长发须盘起，眼镜须戴稳或固定。

② 实训开始前务必仔细检查设备、电路，重点检查电路是否有损坏、老化等现象，确保安全之后方可打开电源开关。

③ 设备及其零部件有一定重量，拆装时小组各成员要注意配合，轻拿轻放，不要伤人及损坏设备。设备拆卸时，要注意对相邻管道和设备进行支撑，以免掉落伤人。

④ 实训过程实施的所有操作，均需在了解原理、思考清楚后方可进行，安全第一。

六、预习要求

1. 化工单元设备结构、作用。
2. 化工管路特点，阀门、管道附件的作用。
3. 化工设备、管道的连接方式。
4. 紧固件特点及其选用原则。
5. 泵的选用原则。
6. 化工设备图的绘制方法。
7. 管道及仪表流程图（PID）的绘制方法。

七、实训报告处理

以下工作以小组为单位完成，并注明主要完成人。

1. 编制装置拆装操作规程。
2. 绘制装置的管道及仪表流程图（PID）。

3. 编制装置的设备清单、管道材料清单和管道附件清单，并分别列于表 7-1～表 7-3 中。

表 7-1　设备清单

序号	设备位号	设备名称	规格、型号	数量	功率/kW	主要材料	备注

表 7-2　管道材料清单

序号	管段号（与 PID 配合）	介质名称	规格	数量/m	材料	备注

表 7-3　管道附件（阀门、弯头、三通等）清单

序号	附件名称	规格、型号	数量/m	主要材料	备注

实验二　冷冻干燥法制备木质素基气凝胶

一、实验目的

1. 掌握木质素基水凝胶的制备方法。
2. 掌握木质素基气凝胶的制备方法和原理。
3. 熟悉冷冻干燥的原理及应用领域。
4. 掌握利用扫描电镜观察气凝胶孔隙形貌的方法。
5. 掌握通过改变工艺条件研究气凝胶孔隙结构变化规律的方法。

二、实验任务

1. 制备木质素基水凝胶，进一步采用冷冻干燥法制备气凝胶。
2. 确定原料配比对水凝胶溶胀率及气凝胶密度的影响。
3. 利用扫描电镜观测气凝胶形貌。

三、实验原理

气凝胶曾被《科学》杂志誉为“可以改变世界的神奇材料”，是一种固体物质形态，也是世界上密度最小的固体。气凝胶由于具有密度小、孔隙率高、比表面积大、隔热系数低、声音传播速度慢等优点，在保温、吸附、储能、催化剂载体、电极材料等领域都具有优良的应用前景，其应用可遍布石化、军工、航天、电池、环保、建筑、交通等各个行业，因此气凝胶已经受到科技工作者越来越多的关注，成为先进材料领域研究热点之一。

木质素是自然界仅次于纤维素的第二大生物质资源，也是自然界唯一的富氧芳香族聚合物。其分子中含有丰富的官能团，如羟基、甲氧基、羰基和羧基等，可以发生多种化学反应。纤维素、聚乙烯醇（PVA）等分子中也含有大量羟基。因此在酸性或碱性催化条件下，木质素、纤维素、PVA上的羟基可以和交联剂如环氧氯丙烷发生交联反应，形成稳定坚固的三维网络结构，并进一步与水分子通过氢键结合形成水凝胶。水凝胶通过冷冻干燥可获得密度小、孔隙结构丰富的气凝胶材料。

冷冻干燥是在低温低压条件下利用水的升华性能，使含水物料低温脱水的新型干燥手段。其原理是先将湿物料在共晶点（三相点）温度以下冻结，使水分变成固态的冰，然后在适当的真空度下，使冰直接升华为水蒸气，再用真空系统中的冷凝器将水蒸气冷凝，从而获得干燥的产品。由于冷冻干燥技术在低温、低氧环境下进行，大多数生物反应停滞，且过程无液态水存在，水分以固体状态直接升华，使物料原有结构和形状得到最大程度的保护，最终获得外观和品质兼备的优质干燥制品。一些热敏性物质如蛋白质、微生物等在低温下不会发生变性，保留了原有的生物活力，因此冷冻干燥特别适合于多孔物质、药品、食品和生物制剂等的干燥。

四、实验装置

1. 冷冻干燥机

冷冻干燥机（冻干机）系统由真空系统和制冷系统两部分组成，主要部件包含主机、真空泵，分别如图7-8、图7-9所示。

图7-8　冷冻干燥机

图7-9　真空泵

基本冻干程序包括以下几步：

① 预冻过程。原料预处理后一般要先进行预冻，这是低温干燥的一个必要的条件。物料内部水分较多时，若直接进行抽真空处理，会使溶解在水中的气体因外界压力减小而逸出，形成气泡，导致原料内部和表面均出现空洞，影响感官品质。

② 制冷过程。为了保证样品中的水分在冷冻干燥过程中保持固体的状态，需要预先打开冷阱阀制冷，温度保持在-50℃左右，然后再通过空气自热逐步升温，达到冰直接升华为水蒸气的效果。

③ 抽真空过程。主机、真空管道和阀门构成了冻干机的真空系统，真空系统要确保没有漏气现象，真空泵是建立真空系统的主要设备。冷冻好的物料需要处在一个真空环境中，这样就会保证物料中的冷冻液没有经过液态而直接被气化，也就是物理上的升华过程。

2. 扫描电镜（SEM）

扫描电镜的基本操作步骤包括以下几步：

① 制样。在电镜台上贴好导电胶和标签，将气凝胶裁剪成2mm×2mm×1mm大小的样品，将其贴在导电胶上，最后用洗耳球吹净未粘牢的粉末（由于气凝胶样品易吸湿，可在扫描前放进烘箱烘干水分）。

② 喷金和限高。气凝胶样品不导电，在进样前要进行喷金，并且要用高度尺规标定样品高度，样品最高点必须低于高度尺规最低点，以防止进样时样品污染探头。

③ 进样。先点air，等air键变黄，拉开交换仓门；装样，装完样后，样品杆由unlock拧到lock；关上交换仓门，点open（也可以先点evac，等evac变绿，再点open），等open变黄，然后进样到底，至set变绿（如无法推到底，请勿用蛮力，拉出来，点下home，重新进样）；样品杆拧到unlock，松开样品与样品杆连接，拉出样品杆，固定住，点close，进样完成（一定要固定住再点close）。

④ 扫描。调节图7-10所示按键和旋钮，拍摄气凝胶的孔道结构。

⑤ 取样。先关电压（off），然后五轴归一（home），点open，松开样品杆，并将其调到unlock，将样品杆推到底，至set亮，然后调至lock，将样品杆拉出，固定住后点air，等air灯变黄，可以拉开交换仓门，样品杆调至unlock，取出样品，关上仓门（如后面无人，一定要点evac），取样完成。

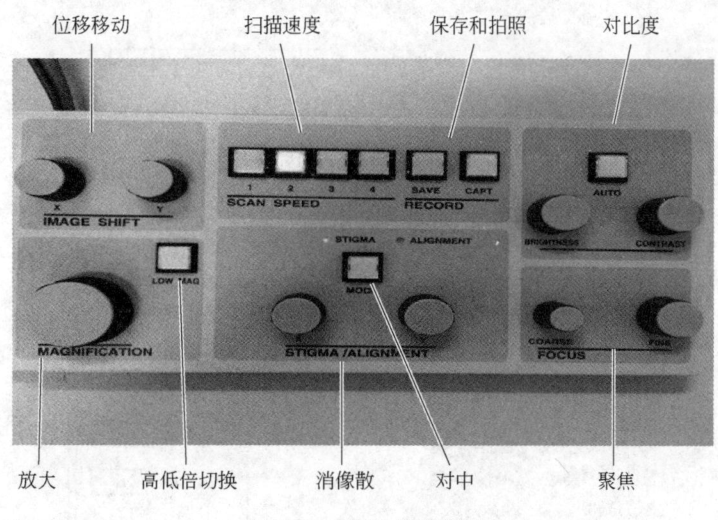

图7-10 扫描电镜按键图

3. 实验仪器与原料

烧杯、搅拌棒、培养皿。

碱木质素，工业品；羟乙基纤维素、PVA、环氧氯丙烷、氢氧化钠，均为化学纯。

五、实验步骤

1. 木质素基水凝胶的制备

以碱木质素、羟乙基纤维素、PVA 等为主要原料，环氧氯丙烷为交联剂，氢氧化钠为 pH 调节剂。通过查阅文献，自主确定木质素基水凝胶的合成方案。改变木质素种类、分子量、木质素/纤维素配比、PVA 用量等工艺条件，制备不同工艺条件下的木质素基水凝胶。将水凝胶置于去离子水中浸泡 12h。取出后用滤纸擦干水凝胶表面的水分，采用称重法计算水凝胶的溶胀率。

2. 木质素基气凝胶的制备

（1）实验准备

实验前预先将所制得的水凝胶放到冰箱、冰柜等低温柜中冷冻，冷冻温度≤-30℃，冷冻时间不低于 48h。预冻温度随水凝胶的冷冻点有所变化，但水凝胶一定要冻实。

（2）冷冻干燥

① 打开主机上的电源开关。

② 触摸屏将出现如图 7-11 所示的界面。

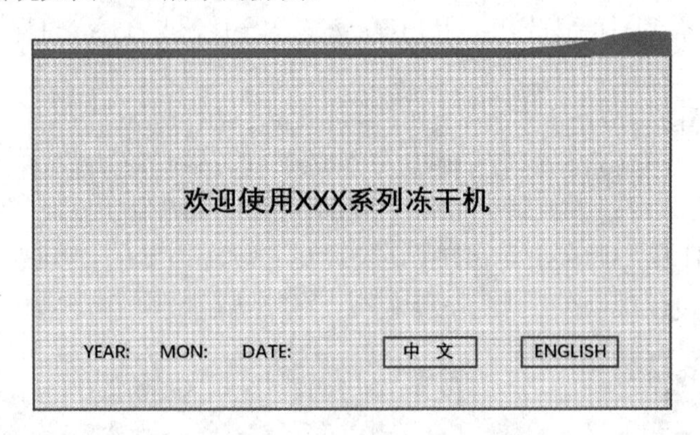

图 7-11 冻干机触摸屏界面

③ 点击界面中的“中文”图标，出现如图 7-12 的对话框。

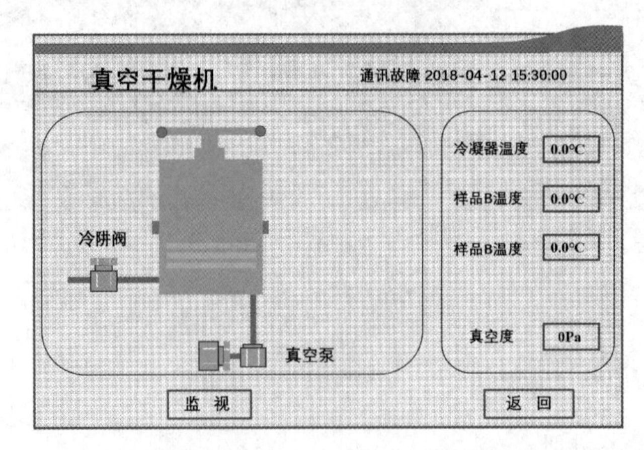

图 7-12 冻干机触摸屏人机对话框

④ 点击冷阱阀，2 分钟延迟保护后，压缩机被打开，系统开始制冷，温度迅速下降。

⑤ 当制冷温度下降到-50℃时，将预冻物料放到冻干仓，盖紧有机玻璃筒密封。

⑥ 当制冷温度低于-50℃时，手动点开真空泵开关，系统真空泵启动，系统进行抽真空，真空度迅速下降，冷冻干燥开始。

⑦ 48h 后，冷冻干燥结束，将排气管插入排气阀排气，同时关闭真空泵，待真空度显示为 999Pa 后，关闭制冷，拔出排气管，拿出制备好的气凝胶样品。

（3）气凝胶密度计算

将制好的气凝胶样品切割成规则的结构，用直尺测量其尺寸，计算体积；同时利用天平称量质量，计算气凝胶密度。

3. 木质素基气凝胶孔隙观测

使用扫描电镜表征气凝胶孔道结构，分析冷冻干燥法制备的气凝胶的孔隙特征。

六、实验数据记录

实验日期：_________ 实验人员：_________ 装置号：_________

1. 基本数据

加热电压：______V；真空度：______Pa；干燥时间：______h；冷阱温度：______℃。

2. 实验数据

将气凝胶制备实验数据列于表 7-4 中。

表 7-4 气凝胶制备实验数据记录表

序号	木质素用量/g	羟乙基纤维素用量/g	PVA 用量/g	交联剂用量/mL	水凝胶溶胀率/%	气凝胶密度/（$g \cdot m^{-3}$）
1						
2						
3						
4						
5						

3. 扫描电镜照片及分析

七、思考题

1. 根据扫描电镜结果分析所制备气凝胶的孔隙特点。

2. 木质素基水凝胶溶胀率的主要影响因素有哪些？根据实验结果总结木质素基气凝胶密度的影响规律。

3. 分析木质素基气凝胶具有哪些可能的应用场合？为什么？举 2 个实际例子说明。

实验三　加盐萃取分离正丁醇-丙酮-水体系

一、实验目的

1. 利用加盐萃取分离方法研究不同盐类对正丁醇-丙酮-水三元体系互溶度的影响。
2. 了解复合萃取剂对正丁醇-丙酮-乙醇-水四元体系萃取效果的影响规律。

二、实验任务

1. 熟悉和掌握加盐萃取的工艺和操作。
2. 研究盐类对正丁醇-丙酮-水三元体系互溶度的影响。
3. 研究由水与盐类等组成的复合萃取剂对正丁醇-丙酮-乙醇-水四元体系萃取效果的影响。

三、实验原理

丙酮、正丁醇是优良的有机溶剂和有机合成的化工原料，被广泛地应用于塑料、树脂、油漆、医药等行业。工业上生产丙酮和正丁醇的方法主要有合成法和发酵法。合成法主要以石油为原料，而发酵法是以粮食和蜜糖为原料。发酵法生产工艺的优点是设备简单，原料来源广，可再生，且无环境污染。随着石油资源的日益枯竭，发酵法生产丙酮、正丁醇越来越得到人们的重视。采用发酵法生产正丁醇等溶剂的发酵液中，只含有1.8%（质量分数，以下同）的乙醇、丙酮和正丁醇。传统的提纯方法是使发酵液首先经过粗分离塔蒸馏提浓去掉发酵固体物和部分水，得到含乙醇4%、丙酮10%、正丁醇26%和水60%的物料，然后继续用蒸馏法分离物料得到乙醇、丙酮和正丁醇，能耗很大。

由于正丁醇-丙酮-水三元体系两相区的范围很小，大多数情况下呈均相。在体系中加入盐后，体系非均相区范围扩大，可在常温下改变正丁醇-丙酮-水体系的互溶度使正丁醇和丙酮得到分离提浓，还可以改变组分在两相的分配、选择性系数。而盐类能在常温下改变正丁醇-丙酮-水体系的互溶度主要是由于盐析效应，当体系中加入适合的盐组分后，盐组分与溶剂水合中间体发生作用生成溶剂分子和水化盐离子，水化盐离子改变水分子与溶剂分子的结合，结合状态为排斥状态，使水化盐离子与溶剂出现分层，从而使水相中的溶剂被排斥回有机相，同时有机相中的水分子被拉回水相，促使体系得到有效分离。

将正丁醇、丙酮和水按一定配比混合配成三元均相体系，然后向实验体系中加入由盐、水及分散剂组成的复合萃取剂，放入恒温床中震动30min（$250r \cdot min^{-1}$），之后静置20min，分出水相和有机相。

分配系数及选择性系数的计算采用下式进行：

分配系数　$$K = y/x \tag{7-1}$$

选择性系数　$$\beta = (y_1/x_1)(x_2/y_2) \tag{7-2}$$

式中　x_1、x_2——水相中丙酮或正丁醇的质量分数；

y_1、y_2——有机相中丙酮或正丁醇的质量分数。

四、实验装置

1. 实验体系与试剂

实验体系为正丁醇-丙酮-水和正丁醇-丙酮-乙醇-水。正丁醇、丙酮和乙醇均为分析纯，实验中用作强化萃取分离的盐类为Na_2CO_3、KCl、$Na_2S_2O_3$、LiCl、$MgCl_2$、NaAc，均为分析纯，水为去离子水。

2. 主要仪器

气相色谱仪，填充柱长为2m，填充物为GDX-102，汽化温度为160℃，柱温为130℃，载气为H_2，采用TL9000色谱数据工作站。

恒温床、分析天平（精度0.1mg）。

五、实验步骤

1. 盐类对体系互溶度的影响

在 25℃温度下将正丁醇、丙酮和水按一定配比混合配成三元均相体系，并用气相色谱仪分析其体系组成。然后向正丁醇-丙酮-水体系中加入各种不同的盐类（单一或复合盐）至饱和，放入恒温床中震动 30min（$250r\cdot min^{-1}$），再静置 20min，分出水相和有机相。经预处理后用气相色谱分析两相组成。

为了进一步分析盐类对分离提纯正丁醇-丙酮-水体系的作用效果，向体系中添加特定的盐类至饱和，探讨温度在 25℃时盐类对正丁醇-丙酮-水体系相平衡的影响，将实验结果记录于表格中并绘制相图进行分析。

2. 萃取工艺条件对萃取分离效果的影响

选用 NaAc、$MgCl_2$、Na_2CO_3配成复合萃取剂，在固定萃取比为 1∶1（体积比）时对体系进行四级错流萃取，体系中各组分的质量比为正丁醇∶丙酮∶乙醇∶水＝23.0∶10.2∶7.9∶58.9，萃取温度为 25℃，记录有机相中正丁醇、丙酮和乙醇质量分数随萃取级数的变化，记录实验数据并作图。分析说明正丁醇-丙酮-乙醇-水体系中加入复合萃取剂后，随着萃取级数的增加，有机相中正丁醇、丙酮和乙醇含量的变化情况。

六、实验数据记录

实验日期：________ 实验人员：________ 装置号：________

1. 盐类对正丁醇-丙酮-水体系互溶度的影响

将加盐萃取实验数据列于表 7-5 中。

表 7-5 盐类对正丁醇-丙酮-水体系互溶度的影响

无机盐	类型（脱水型、脱丙酮型、脱水/丙酮型）	有机相质量分数/%			水相质量分数/%			分配系数	
		正丁醇	丙酮	水	正丁醇	丙酮	水	K_1	K_2
Na_2CO_3									

续表

无机盐	类型（脱水型、脱丙酮型、脱水/丙酮型）	有机相质量分数/%			水相质量分数/%			分配系数	
		正丁醇	丙酮	水	正丁醇	丙酮	水	K_1	K_2
KCl									
$Na_2S_2O_3$									
LiCl									
$MgCl_2$									
NaAc									

2. 复合萃取剂对正丁醇-丙酮-乙醇-水四元体系萃取分离效果的影响

将萃取工艺条件对正丁醇-丙酮-乙醇-水四元体系萃取分离效果的影响数据列于表 7-6 中。

表 7-6　萃取工艺对正丁醇-丙酮-乙醇-水四元体系的萃取分离效果

复合萃取剂	萃取级数	正丁醇质量分数/%	丙酮质量分数/%	乙醇质量分数/%
	1			
	2			
	3			
	4			
	1			
	2			
	3			
	4			

七、思考题

1. 盐类物质破坏正丁醇-丙酮-水体系相平衡的原因是什么？

2. 试分别分析脱水型、脱丙酮型、脱水/丙酮型的盐类物质对正丁醇-丙酮-水体系互溶度的影响规律。

附 录

附录一 饱和水蒸气的物性参数

温度 T /℃	绝对压强 p /kPa	蒸汽密度 ρ /（$kg \cdot m^{-3}$）	焓 H /（$kJ \cdot kg^{-1}$）		汽化热 r /（$kJ \cdot kg^{-1}$）
			液体	水蒸气	
0	0.6082	0.00484	0	2491.1	2491.1
5	0.8730	0.00680	20.94	2500.8	2479.9
10	1.2262	0.00940	41.87	2510.4	2468.5
15	1.7068	0.01283	62.80	2520.5	2457.7
20	2.3346	0.01719	83.74	2530.1	2446.3
25	3.1684	0.02304	104.67	2539.7	2435.0
30	4.2474	0.03036	125.60	2549.3	2423.7
35	5.6207	0.03960	146.54	2559.0	2412.1
40	7.3766	0.05114	167.47	2568.6	2401.1
45	9.5837	0.06543	188.41	2577.8	2389.4
50	12.340	0.08300	209.34	2587.4	2378.1
55	15.743	0.1043	230.27	2596.7	2366.4
60	19.923	0.1301	251.21	2606.3	2355.1
65	25.014	0.1611	272.14	2615.5	2343.1
70	31.164	0.1979	293.08	2624.3	2331.2
75	38.551	0.2416	314.01	2633.5	2319.5
80	47.379	0.2929	334.94	2642.3	2307.8
85	57.875	0.3531	355.88	2651.1	2295.2
90	70.136	0.4229	376.81	2659.9	2283.1
95	84.556	0.5039	397.75	2668.7	2270.5
100	101.33	0.5970	418.68	2677.0	2258.4
105	120.85	0.7036	440.03	2685.0	2245.4
110	143.31	0.8254	460.97	2693.4	2232.0
115	169.11	0.9635	482.32	2701.3	2219.0
120	198.64	1.120	503.67	2708.9	2205.2
125	232.19	1.296	525.02	2716.4	2191.8
130	270.25	1.494	546.38	2723.9	2177.6

续表

温度 T /℃	绝对压强 p /kPa	蒸汽密度 ρ /（$kg \cdot m^{-3}$）	焓 H /（$kJ \cdot kg^{-1}$）		汽化热 r /（$kJ \cdot kg^{-1}$）
			液体	水蒸气	
135	313.11	1.715	567.73	2731.0	2163.3
140	361.47	1.962	589.08	2737.7	2148.7
145	415.72	2.238	610.85	2744.4	2134.0
150	476.24	2.543	632.21	2750.7	2118.5
160	618.28	3.252	675.75	2762.9	2054.0
170	792.59	4.113	719.29	2773.3	2037.1
180	1003.5	5.145	763.25	2782.5	2019.3
190	1255.6	6.378	807.64	2790.1	1982.4
200	1554.8	7.840	852.01	2795.5	1943.5

附录二　空气的物性参数

（p=101.325kPa）

温度 T /℃	密度 ρ /（$kg \cdot m^{-3}$）	热导率 λ /（$W \cdot m^{-1} \cdot K^{-1}$）	比热容 c_p /（$kJ \cdot kg^{-1} \cdot K^{-1}$）	热扩散系数 α /（$\mu m^2 \cdot s^{-1}$）	黏度 μ /（$\mu Pa \cdot s$）	运动黏度 ν /（$\mu m^2 \cdot s^{-1}$）	普朗特数 Pr
-50	1.584	204	1.013	12.7	14.6	9.23	0.728
-40	1.515	212	1.013	13.8	15.2	10.04	0.728
-30	1.453	220	1.013	14.9	15.7	10.80	0.723
-20	1.395	228	1.009	16.2	16.2	11.61	0.716
-10	1.342	236	1.009	17.4	16.7	12.43	0.712
0	1.293	244	1.005	18.8	17.2	13.28	0.707
10	1.247	251	1.005	20.0	17.6	14.16	0.705
20	1.205	259	1.005	21.4	18.1	15.06	0.703
30	1.165	267	1.005	22.9	18.6	16.00	0.701
40	1.128	276	1.005	24.3	19.1	16.96	0.699
50	1.093	283	1.005	25.7	19.6	17.95	0.698
60	1.060	290	1.005	27.2	20.1	18.97	0.696
70	1.029	296	1.009	28.6	20.6	20.02	0.694
80	1.000	305	1.009	30.2	21.1	21.09	0.692
90	0.972	313	1.009	31.9	21.5	22.10	0.690
100	0.946	321	1.009	33.6	21.9	23.13	0.688
120	0.898	334	1.009	36.8	22.8	25.45	0.686
140	0.854	349	1.013	40.3	23.7	27.80	0.684
160	0.815	364	1.017	43.9	24.5	30.09	0.682
180	0.779	378	1.022	47.5	25.3	32.49	0.681
200	0.746	393	1.026	51.4	26.0	34.85	0.680

附录三　水的物性参数

温度 T /℃	密度 ρ /（$kg \cdot m^{-3}$）	比热容 c_p /（$kJ \cdot kg^{-1} \cdot K^{-1}$）	热导率 λ /（$W \cdot m^{-1} \cdot K^{-1}$）	运动黏度 ν $\times 10^6$/（$m^2 \cdot s^{-1}$）	动力黏度 μ $\times 10^3$/（$Pa \cdot s$）	普朗特数 Pr
0	999.9	4.212	0.551	1.789	1.788	13.67
1	999.9	4.210	0.553	1.741	1.740	13.26
2	999.9	4.208	0.556	1.692	1.692	12.84
3	999.9	4.206	0.558	1.644	1.643	12.43
4	999.8	4.204	0.560	1.596	1.595	12.01
5	999.8	4.202	0.563	1.548	1.547	11.60
6	999.8	4.199	0.565	1.499	1.499	11.18
7	999.8	4.197	0.567	1.451	1.451	10.77
8	999.7	4.195	0.569	1.403	1.402	10.35
9	999.7	4.193	0.572	1.354	1.354	9.94
10	999.7	4.191	0.574	1.306	1.306	9.52
11	999.6	4.190	0.577	1.276	1.276	9.27
12	999.4	4.189	0.579	1.246	1.246	9.02
13	999.3	4.189	0.582	1.216	1.215	8.77
14	999.1	4.188	0.584	1.186	1.185	8.52
15	999.0	4.187	0.587	1.156	1.155	8.27
16	998.8	4.186	0.589	1.126	1.125	8.02
17	998.7	4.185	0.592	1.096	1.095	7.77
18	998.5	4.185	0.594	1.066	1.064	7.52
19	998.4	4.184	0.597	1.036	1.034	7.27
20	998.2	4.183	0.599	1.006	1.004	7.02
21	998.0	4.182	0.601	0.9859	0.9838	6.86
22	997.7	4.181	0.603	0.9658	0.9635	6.70
23	997.5	4.180	0.605	0.9457	0.9433	6.54
24	997.2	4.179	0.607	0.9256	0.9230	6.38
25	997.0	4.179	0.609	0.9055	0.9028	6.22
26	996.7	4.178	0.610	0.8854	0.8825	6.06
27	996.5	4.177	0.612	0.8653	0.8623	5.90
28	996.2	4.176	0.614	0.8452	0.8420	5.74
29	996.0	4.175	0.616	0.8251	0.8218	5.58
30	995.7	4.174	0.618	0.8050	0.8015	5.42
31	995.4	4.174	0.620	0.7904	0.7867	5.31
32	995.0	4.174	0.621	0.7758	0.7719	5.20

续表

温度 T /℃	密度 ρ /（kg · m^{-3}）	比热容 c_p /（kJ · kg^{-1} · K^{-1}）	热导率 λ /（W · m^{-1} · K^{-1}）	运动黏度 ν $\times10^6$/（m^2 · s^{-1}）	动力黏度 μ $\times10^3$/（Pa · s）	普朗特数 Pr
33	994.7	4.174	0.623	0.7612	0.7570	5.09
34	994.3	4.174	0.625	0.7466	0.7422	4.98
35	994.0	4.174	0.627	0.7320	0.7274	4.87
36	993.6	4.174	0.628	0.7174	0.7126	4.75
37	993.3	4.174	0.630	0.7028	0.6978	4.64
38	992.9	4.174	0.632	0.6882	0.6829	4.53
39	992.6	4.174	0.633	0.6736	0.6681	4.42
40	992.2	4.174	0.635	0.6590	0.6533	4.31
41	991.8	4.174	0.636	0.6487	0.6429	4.23
42	991.4	4.174	0.638	0.6384	0.6325	4.16
43	991.0	4.174	0.639	0.6281	0.6221	4.08
44	990.6	4.174	0.640	0.6178	0.6117	4.00
45	990.2	4.174	0.642	0.6075	0.6014	3.93
46	989.7	4.174	0.643	0.5972	0.5910	3.85
47	989.3	4.174	0.644	0.5869	0.5806	3.77
48	988.9	4.174	0.645	0.5766	0.5702	3.69
49	988.5	4.174	0.647	0.5663	0.5598	3.62
50	988.1	4.174	0.648	0.5560	0.5494	3.54
51	987.6	4.175	0.649	0.5482	0.5415	3.49
52	987.1	4.175	0.650	0.5404	0.5335	3.43
53	986.6	4.176	0.651	0.5326	0.5256	3.38
54	986.1	4.176	0.652	0.5248	0.5176	3.32
55	985.6	4.177	0.654	0.5170	0.5097	3.27
56	985.1	4.177	0.655	0.5092	0.5017	3.21
57	984.6	4.178	0.656	0.5014	0.4938	3.16
58	984.1	4.178	0.657	0.4936	0.4858	3.10
59	983.6	4.179	0.658	0.4858	0.4779	3.05
60	983.1	4.179	0.659	0.4780	0.4699	2.99
61	982.6	4.180	0.660	0.4717	0.4635	2.95
62	982.0	4.181	0.661	0.4654	0.4571	2.90
63	981.5	4.181	0.662	0.4591	0.4508	2.86
64	981.0	4.182	0.663	0.4528	0.4444	2.81
65	980.5	4.183	0.664	0.4465	0.4380	2.77
66	979.9	4.184	0.664	0.4402	0.4316	2.73
67	979.4	4.185	0.665	0.4339	0.4252	2.68
68	978.9	4.185	0.666	0.4276	0.4189	2.64
69	978.3	4.186	0.667	0.4213	0.4125	2.59
70	977.8	4.187	0.668	0.4150	0.4061	2.55
71	977.2	4.188	0.669	0.4100	0.4010	2.52

续表

温度 T /℃	密度 ρ /（$kg \cdot m^{-3}$）	比热容 c_p /（$kJ \cdot kg^{-1} \cdot K^{-1}$）	热导率 λ /（$W \cdot m^{-1} \cdot K^{-1}$）	运动黏度 ν $\times 10^6$/（$m^2 \cdot s^{-1}$）	动力黏度 μ $\times 10^3$/（$Pa \cdot s$）	普朗特数 Pr
72	976.6	4.189	0.669	0.4050	0.3959	2.48
73	976.0	4.189	0.670	0.4000	0.3908	2.45
74	975.4	4.190	0.670	0.3950	0.3857	2.41
75	974.8	4.191	0.671	0.3900	0.3806	2.38
76	974.2	4.192	0.672	0.3850	0.3755	2.35
77	973.6	4.193	0.672	0.3800	0.3704	2.31
78	973.0	4.193	0.673	0.3750	0.3653	2.28
79	972.4	4.194	0.673	0.3700	0.3602	2.24
80	971.8	4.195	0.674	0.3650	0.3551	2.21
81	971.2	4.196	0.675	0.3611	0.3511	2.18
82	970.5	4.198	0.675	0.3572	0.3471	2.16
83	969.9	4.199	0.676	0.3533	0.3430	2.13
84	969.2	4.200	0.676	0.3494	0.3390	2.11
85	968.6	4.202	0.677	0.3455	0.3350	2.08
86	967.9	4.203	0.678	0.3416	0.3310	2.05
87	967.3	4.204	0.678	0.3377	0.3270	2.03
88	966.6	4.205	0.679	0.3338	0.3229	2.00
89	966.0	4.207	0.679	0.3299	0.3189	1.98
90	965.3	4.208	0.680	0.3260	0.3149	1.95
91	964.6	4.209	0.680	0.3229	0.3117	1.93
92	963.9	4.210	0.681	0.3198	0.3084	1.91
93	963.2	4.212	0.681	0.3167	0.3052	1.89
94	962.5	4.213	0.681	0.3136	0.3019	1.87
95	961.9	4.214	0.682	0.3105	0.2987	1.85
96	961.2	4.215	0.682	0.3074	0.2955	1.83
97	960.5	4.216	0.682	0.3043	0.2922	1.81
98	959.8	4.218	0.682	0.3012	0.2890	1.79
99	959.1	4.219	0.683	0.2981	0.2857	1.77
100	958.4	4.220	0.683	0.2950	0.2825	1.75
101	957.7	4.221	0.683	0.2927	0.2802	1.74
102	956.9	4.223	0.683	0.2904	0.2778	1.72
103	956.2	4.224	0.684	0.2881	0.2755	1.71
104	955.4	4.225	0.684	0.2858	0.2731	1.69
105	954.7	4.227	0.684	0.2835	0.2708	1.68
106	954.0	4.228	0.684	0.2812	0.2684	1.66
107	953.2	4.229	0.684	0.2789	0.2661	1.65
108	952.5	4.230	0.685	0.2766	0.2637	1.63
109	951.7	4.232	0.685	0.2743	0.2614	1.62
110	951.0	4.233	0.685	0.2720	0.2590	1.60

续表

温度 T /℃	密度 ρ /（kg·m^{-3}）	比热容 c_p /（kJ·kg^{-1}·K^{-1}）	热导率 λ /（W·m^{-1}·K^{-1}）	运动黏度 ν ×10^6/（m^2·s^{-1}）	动力黏度 μ ×10^3/（Pa·s）	普朗特数 Pr
111	950.2	4.235	0.685	0.2700	0.2568	1.59
112	949.4	4.236	0.685	0.2680	0.2547	1.57
113	948.6	4.238	0.685	0.2660	0.2525	1.56
114	947.8	4.240	0.685	0.2640	0.2504	1.55
115	947.1	4.242	0.686	0.2620	0.2482	1.54
116	946.3	4.243	0.686	0.2600	0.2460	1.52
117	945.5	4.245	0.686	0.2580	0.2439	1.51
118	944.7	4.247	0.686	0.2560	0.2417	1.50
119	943.9	4.248	0.686	0.2540	0.2396	1.48
120	943.1	4.250	0.686	0.2520	0.2374	1.47

附录四 常用二元物系的气液平衡组成

1. 乙醇-水（p=101.3kPa）

乙醇的摩尔分数/%		温度 /℃	乙醇的摩尔分数/%		温度 /℃
液相	气相		液相	气相	
0.00	0.00	100.0	45.41	63.43	80.4
2.01	18.38	95.0	50.16	65.34	80.0
5.07	33.06	90.5	54.00	66.92	79.8
7.95	40.18	87.7	59.55	69.59	79.6
10.48	44.61	86.2	64.05	71.86	79.3
14.95	49.77	84.5	70.63	75.82	78.9
20.00	53.09	83.3	75.99	79.26	78.6
25.00	55.48	82.4	79.82	81.83	78.4
30.01	57.70	81.6	85.97	86.40	78.2
35.09	59.55	81.2	89.41	89.41	78.2
40.00	61.44	80.8			

2. 甲醇-水（p=101.3kPa）

甲醇摩尔分数/%		温度 /℃	甲醇摩尔分数/%		温度 /℃
液相	气相		液相	气相	
5.31	28.34	92.9	12.57	48.31	86.6
7.67	40.01	90.3	13.15	54.55	85.0
9.26	43.53	88.9	16.74	55.85	83.2

续表

甲醇摩尔分数/%		温度/℃	甲醇摩尔分数/%		温度/℃
液相	气相		液相	气相	
18.18	57.75	82.3	46.20	77.56	73.8
20.83	62.73	81.6	52.92	79.71	72.7
23.19	64.85	80.2	59.37	81.83	71.3
28.18	67.75	78.0	68.49	84.92	70.0
29.09	68.01	77.8	77.01	89.62	68.0
33.33	69.18	76.7	87.41	91.94	66.9
35.13	73.47	76.2			

3. 苯-甲苯（p=101.3kPa）

苯摩尔分数/%		温度/℃	苯摩尔分数/%		温度/℃
液相	气相		液相	气相	
0.0	0.0	110.6	59.2	78.9	89.4
8.8	21.2	106.1	70.0	85.3	86.8
20.0	37.0	102.2	80.3	91.4	84.4
30.0	50.0	98.6	90.3	95.7	82.3
39.7	61.8	95.2	95.0	97.9	81.2
48.9	71.0	92.1	100.0	100.0	80.2

附录五　乙醇溶液的物性常数

1. 乙醇-水溶液的密度（$kg \cdot m^{-3}$）（10～70℃，p=101.3kPa）

质量分数/%	温度/℃						
	10	**20**	**30**	**40**	**50**	**60**	**70**
8.01	990	980	980	970	970	960	960
16.21	980	970	960	960	950	940	920
24.61	970	960	950	940	930	930	910
33.30	950	950	930	920	910	900	890
42.43	940	930	910	900	890	880	870
52.09	910	910	880	870	870	860	850
62.39	890	880	860	860	840	830	820
73.48	870	860	830	830	820	810	800
85.66	840	830	810	800	790	780	770
100.0	800	790	780	770	760	750	750

2. 乙醇-水溶液的物性常数（p=101.3kPa）

体积分数（15℃）/%	沸点/℃	比热容 /[kJ·(kg·℃)$^{-1}$]		焓/（kJ·kg^{-1}）		
		α	β	饱和液体	干饱和蒸汽	蒸发潜热
10	92.63	4.430	0.00833	447.1	2581.9	2135.9
12	91.59	4.451	0.00842	444.1	2556.5	2113.4
14	90.67	4.460	0.00846	439.1	2529.9	2091.5
16	89.83	4.468	0.00850	435.6	2503.9	2064.9
18	89.07	4.472	0.00854	432.1	2477.7	2045.6
20	88.39	4.463	0.00858	427.8	2450.9	2023.2
22	87.75	4.455	0.00863	424.0	2424.2	1991.1
24	87.16	4.447	0.00871	420.6	2396.6	1977.2
26	86.67	4.438	0.00884	417.5	2371.9	1954.4
28	86.10	4.430	0.00900	414.7	2345.7	1930.9
30	85.66	4.417	0.00917	412.0	2319.7	1907.7
32	85.27	4.401	0.00942	409.4	2292.6	1884.1
34	84.92	4.384	0.00963	406.9	2267.2	1860.9
38	84.32	4.346	0.01013	402.4	2215.1	1812.7
40	84.08	4.283	0.01014	400.0	2188.4	1788.4

注：$c_p=\alpha+\beta\frac{T_1+T_2}{2}$（kJ·kg^{-1}·℃$^{-1}$）。

α、β 系数从上表查出，T_1、T_2 为乙醇溶液的升温范围，乙醇蒸发潜热为 854.62kJ·kg^{-1}（78.3℃）。

附录六 乙醇浓度校正表

溶液温度/℃	酒精计示值										
	10.0	**9.0**	**8.0**	**7.0**	**6.0**	**5.0**	**4.0**	**3.0**	**2.0**	**1.0**	**0**
	温度为20℃时用体积分数表示的乙醇浓度										
30	7.9	7.0	6.1	5.2	4.2	3.3	2.4	1.4	0.4		
29	8.2	7.2	6.3	5.4	4.4	3.5	2.5	1.6	0.6		
28	8.4	7.5	6.5	5.6	4.6	3.7	2.7	1.8	0.8		
27	8.6	7.7	6.7	5.8	4.8	3.9	2.9	1.9	1.0	0.0	
26	8.8	7.9	6.9	6.0	5.0	4.0	3.1	2.1	1.1	0.1	
25	9.0	8.1	7.1	6.2	5.2	4.2	3.2	2.3	1.3	0.3	
24	9.2	8.3	7.3	6.3	5.4	4.4	3.4	2.4	1.4	0.4	
23	9.4	8.4	7.5	6.5	5.5	4.6	3.6	2.6	1.6	0.6	

续表

溶液温度/℃	酒精计示值										
	10.0	**9.0**	**8.0**	**7.0**	**6.0**	**5.0**	**4.0**	**3.0**	**2.0**	**1.0**	**0**
	温度为20℃时用体积分数表示的乙醇浓度										
22	9.6	8.6	7.7	6.7	5.7	4.7	3.7	2.7	1.7	0.7	
21	9.8	8.8	7.8	6.8	5.8	4.8	3.9	2.9	1.9	0.9	
20	10.0	9.0	8.0	7.0	6.0	5.0	4.0	3.0	2.0	1.0	0.0

溶液温度/℃	酒精计示值									
	20.0	**19.0**	**18.0**	**17.0**	**16.0**	**15.0**	**14.0**	**13.0**	**12.0**	**11.0**
	温度为20℃时用体积分数表示的乙醇浓度									
30	16.8	16.0	15.1	14.2	13.4	12.5	11.6	10.7	9.8	8.9
29	17.2	16.3	15.4	14.5	13.6	12.7	11.8	10.9	10.0	9.1
28	17.5	16.6	15.7	14.8	13.9	13.0	12.1	11.2	10.3	9.3
27	17.8	16.9	16.0	15.1	14.2	13.2	12.3	11.4	10.5	9.5
26	18.1	17.2	16.3	15.4	14.4	13.5	12.6	11.7	10.7	9.8
25	18.4	17.5	16.6	15.6	14.7	13.8	12.8	11.9	10.9	10.0
24	18.7	17.8	16.9	15.9	15.0	14.0	13.1	12.1	11.2	10.2
23	19.0	18.1	17.1	16.2	15.2	14.3	13.3	12.3	11.4	10.4
22	19.4	18.4	17.4	16.5	15.5	14.5	13.6	12.6	11.6	10.6
21	19.7	18.7	17.7	16.7	15.7	14.8	13.8	12.8	11.8	10.8
20	20.0	19.0	18.0	17.0	16.0	15.0	14.0	13.0	12.0	11.0

溶液温度/℃	酒精计示值									
	30.0	**29.0**	**28.0**	**27.0**	**26.0**	**25.0**	**24.0**	**23.0**	**22.0**	**21.0**
	温度为20℃时用体积分数表示的乙醇浓度									
30	26.1	25.1	24.2	23.2	22.3	21.4	20.5	19.6	18.6	17.7
29	26.4	25.5	24.6	23.6	22.7	21.8	20.8	19.9	19.0	18.0
28	26.8	25.9	24.9	24.0	23.0	22.1	21.2	20.2	19.3	18.4
27	27.2	26.3	25.3	24.4	23.4	22.5	21.5	20.6	19.6	18.7
26	27.6	26.6	25.7	24.7	23.8	22.8	21.9	20.9	20.0	19.0
25	28.0	27.0	26.1	25.1	24.1	23.2	22.2	21.3	20.3	19.4
24	28.4	27.4	26.4	25.5	24.5	23.5	22.6	21.6	20.7	19.7
23	28.8	27.8	26.8	25.8	24.9	23.9	22.9	22.0	21.0	20.0
22	29.2	28.2	27.2	26.2	25.3	24.3	23.3	22.3	21.3	20.4
21	29.6	28.6	27.6	26.6	25.6	24.6	23.6	22.6	21.7	20.7
20	30.0	29.0	28.0	27.0	26.0	25.0	24.0	23.0	22.0	21.0

溶液温度/℃	酒精计示值									
	40.0	**39.0**	**38.0**	**37.0**	**36.0**	**35.0**	**34.0**	**33.0**	**32.0**	**31.0**
	温度为20℃时用体积分数表示的乙醇浓度									
30	36.0	35.0	34.0	33.0	32.0	30.9	29.9	28.9	28.0	27.0
29	36.4	35.4	34.4	33.4	32.3	31.3	30.3	29.4	28.4	27.4
28	36.8	35.8	34.8	33.8	32.8	31.7	30.7	29.7	28.8	27.8

续表

溶液温度/°C	酒精计示值										
	40.0	**39.0**	**38.0**	**37.0**	**36.0**	**35.0**	**34.0**	**33.0**	**32.0**	**31.0**	
	温度为20°C时用体积分数表示的乙醇浓度										
27	37.2	36.2	35.2	34.2	33.2	32.2	31.2	30.2	29.2	28.2	
26	37.6	36.6	35.6	34.6	33.6	32.6	31.6	30.6	29.6	28.6	
25	38.0	37.0	36.0	35.0	34.0	33.0	32.0	31.0	30.0	29.0	
24	38.4	37.4	36.4	35.4	34.4	33.4	32.4	31.4	30.4	29.4	
23	38.8	37.8	36.8	35.8	34.8	33.8	32.8	31.8	30.8	29.8	
22	39.2	38.2	37.2	36.2	35.2	34.2	33.2	32.2	31.2	30.2	
21	39.6	38.6	37.6	36.6	35.6	34.6	33.6	32.6	31.6	30.6	
20	40.0	39.0	38.0	37.0	36.0	35.0	34.0	33.0	32.0	31.0	

溶液温度/°C	酒精计示值										
	90.0	**89.0**	**88.0**	**87.0**	**86.0**	**85.0**	**84.0**	**83.0**	**82.0**	**81.0**	
	温度为20°C时用体积分数表示的乙醇浓度										
30	87.3	86.3	85.2	84.2	83.1	82.1	81.0	80.0	79.0	78.0	
29	87.6	86.5	85.5	84.4	83.4	82.4	81.3	80.3	79.3	78.3	
28	87.9	86.8	85.8	84.7	83.7	82.7	81.6	80.6	79.6	78.6	
27	88.1	87.1	86.1	85.0	84.0	83.0	81.9	80.9	79.9	78.9	
26	88.4	87.4	86.3	85.3	84.3	83.3	82.2	81.2	80.2	79.2	
25	88.7	87.7	86.6	85.6	84.6	83.6	82.5	81.5	80.5	79.5	
24	89.0	87.9	86.9	85.9	84.9	83.8	82.8	81.8	80.8	79.8	
23	89.2	88.2	87.2	86.2	85.1	84.1	83.1	82.1	81.8	80.1	
22	89.5	88.5	87.4	86.4	85.4	84.4	83.4	82.4	81.4	80.4	
21	89.7	88.7	87.7	86.7	85.7	84.7	83.7	82.7	81.7	80.7	
20	90.0	89.0	88.0	87.0	86.0	85.0	84.0	83.0	82.0	81.0	

溶液温度/°C	酒精计示值										
	100.0	**99.0**	**98.0**	**97.0**	**96.0**	**95.0**	**94.0**	**93.0**	**92.0**	**91.0**	
	温度为20°C时用体积分数表示的乙醇浓度										
30	98.3	97.1	96.0	94.8	93.8	92.7	91.6	90.5	89.4	88.4	
29	98.4	97.3	96.2	95.1	94.0	92.9	91.8	90.8	89.7	88.6	
28	98.6	97.5	96.4	95.3	94.2	93.1	92.1	91.0	90.0	88.9	
27	98.8	97.7	96.6	95.5	94.5	93.4	92.3	91.3	90.2	89.2	
26	99.0	97.9	96.8	95.8	94.7	93.6	92.6	91.5	90.5	89.4	
25	99.2	98.1	97.0	96.0	94.9	93.9	92.8	91.8	90.7	89.7	
24	99.3	98.3	97.2	96.2	95.1	94.1	93.1	92.0	91.0	90.0	
23	99.5	98.5	97.4	96.4	95.4	94.3	93.3	92.3	91.3	90.2	
22	99.7	98.6	97.6	96.6	95.6	94.6	93.5	92.5	91.5	90.5	
21	99.8	98.8	97.8	96.8	95.8	94.8	93.8	92.8	91.8	90.7	
20	100.0	99.0	98.0	97.0	96.0	95.0	94.0	93.0	92.0	91.0	

附录七　乙醇浓度换算表

体积分数/%	质量分数/%	摩尔分数/%	ρ/（kg · m^{-3}）	体积分数/%	质量分数/%	摩尔分数/%	ρ/（kg · m^{-3}）
2	1.597	0.629	995.3	52	44.38	23.79	926.2
4	3.242	1.292	992.4	54	46.29	25.22	922.1
6	4.812	1.935	989.7	56	48.21	26.69	917.9
8	6.424	2.612	987.2	58	50.16	28.25	913.5
10	8.052	3.313	984.7	60	52.15	29.92	909.1
12	9.687	4.025	982.4	62	54.15	31.60	904.6
14	11.33	4.762	980.1	64	56.19	33.41	900.0
16	12.97	5.497	977.8	66	58.24	35.31	895.2
18	14.62	6.278	975.7	68	60.33	37.31	890.4
20	16.28	7.014	973.6	70	62.44	39.41	885.5
22	17.95	7.923	971.4	72	64.59	41.65	880.2
24	19.62	8.726	969.2	74	66.77	44.02	875.4
26	21.30	9.573	967.0	76	68.99	46.54	870.1
28	22.99	10.47	964.6	78	71.24	49.22	864.8
30	24.69	11.37	962.2	80	73.52	52.06	859.3
32	26.40	12.30	959.7	82	75.85	55.14	853.7
34	28.13	13.27	957.0	84	78.23	58.44	847.9
36	29.86	14.27	954.2	86	80.66	62.01	841.9
38	31.62	15.32	951.2	88	83.14	65.87	835.7
40	33.39	16.39	948.0	90	85.68	70.08	829.2
42	35.15	17.50	944.8	92	88.31	74.72	822.4
44	36.96	18.65	941.3	94	91.01	79.84	815.2
46	38.78	19.85	937.7	96	93.85	85.66	807.5
48	40.62	21.11	934.0	98	96.81	92.83	799.0
50	42.48	22.41	930.2	100	100.00	100.00	789.3

附录八　精馏实验转子流量计流量校正表

$$V_{乙醇}=V_{示值}\sqrt{\frac{\rho_{水}(\rho_{f}-\rho_{乙醇})}{\rho_{乙醇}(\rho_{f}-\rho_{水})}}$$

式中　$V_{乙醇}$——实际工作时乙醇的流量；

$V_{示值}$——转子流量计刻度值；

$\rho_{水}$ ——标定时20℃下水的密度；

ρ_{f} ——转子材料的密度；

$\rho_{乙醇}$ ——实际工作时乙醇的密度。

适用条件	换算公式
$x_f = 28\%$ (体积分数) （20℃，$\rho = 964.6 kg \cdot m^{-3}$）	$V_{乙醇} = 1.020 V_{示值} kg \cdot h^{-1}$
$x_f = 30\%$ (体积分数) （20℃，$\rho = 962.2 kg \cdot m^{-3}$）	$V_{乙醇} = 1.021 V_{示值} kg \cdot h^{-1}$
$x_D = 80\%$ (体积分数) （40℃，$\rho = 830 kg \cdot m^{-3}$）	$V_{乙醇} = 1.110 V_{示值} kg \cdot h^{-1}$
$x_D = 86\%$ (体积分数) （40℃，$\rho = 815 kg \cdot m^{-3}$）	$V_{乙醇} = 1.121 V_{示值} kg \cdot h^{-1}$
$x_D = 90\%$ (体积分数) （40℃，$\rho = 800 kg \cdot m^{-3}$）	$V_{乙醇} = 1.133 V_{示值} kg \cdot h^{-1}$
$x_D = 94\%$ (体积分数) （40℃，$\rho = 790 kg \cdot m^{-3}$）	$V_{乙醇} = 1.141 V_{示值} kg \cdot h^{-1}$

参考文献

[1] 周立清，邓淑华，陈兰英．化工原理实验［M］．广州：华南理工大学出版社，2015．

[2] 杨祖荣．化工原理实验［M］．2版．北京：化学工业出版社，2014．

[3] 刘天成，王红斌，杨志，等．化工原理实验［M］．北京：科学出版社，2014．

[4] 姚克俭，姬登祥，俞晓梅．化工原理实验立体教材［M］．杭州：浙江大学出版社，2009．

[5] 张金利，郭翠梨．化工基础实验［M］．2版．天津：天津大学出版社，2006．

[6] 伍钦，邹华生．化工原理实验［M］．2版．广州：华南理工大学出版社，2015．

[7] 居沈贵，夏毅，武文良．化工原理实验［M］．2版．北京：化学工业出版社，2020．

[8] Hu W，Lu L，Li Z，et al．A facile slow-gel method for bulk Al-doped carboxymethyl cellulose aerogels with excellent flame retardancy［J］．Carbohydrate Polymers，2019，207：352-361．

[9] Yang Z，Li H，Niu G，et al．Poly（vinylalcohol）/chitosan-based high-strength，fire-retardant and smoke-suppressant composite aerogels incorporating aluminum species via freeze drying［J］．Composites Part B：Engineering，2021，219：108919．

[10] 胡柏玲，邱学青，杨东杰．用排斥萃取分离正丁醇-丙酮-水体系［J］．华南理工大学学报（自然科学版），2003，31：58-62．

[11] 钟理，郑大锋，伍钦．化工原理（上册）［M］．2版．北京：化学工业出版社，2020．

[12] 钟理，易聪华，曾朝霞．化工原理（下册）［M］．2版．北京：化学工业出版社，2020．